LOCUS

LOCUS

LOCUS

LOCUS

catch

catch your eyes ; catch your heart ; catch your mind……

catch 44　對面

台北‧上海‧面對面

(From Taipei To Shanghai)

作者：黃百箬

責任編輯：韓秀玫

美術編輯：謝富智

法律顧問：全理法律事務所董安丹律師

出版者：大塊文化出版股份有限公司

台北市105南京東路四段25號11樓

www.locuspublishing.com

讀者服務專線：0800-006689

TEL：(02) 87123898　FAX：(02) 87123897

郵撥帳號：18955675　戶名：大塊文化出版股份有限公司

總經銷：大和書報圖書有限公司　　地址：台北縣三重市大智路139號

TEL：(02) 29818089 (代表號)　　FAX：(02) 29883028　29813049

製版：瑞豐實業股份有限公司

初版一刷：2003年4月

初版二刷：2003年7月

定價：新台幣 350 元

特價：新台幣 299 元

ISBN 986-7975-20-0

Printed in Taiwan

對面

台北‧上海‧面對面

黃百箬◎著

目錄

「對面」之前

文：黃百薝

「對面」這兩個字倒過來說，是「面對」。
做「對面」這本書的同時，我也同時在面對很多事情。

從左到右或從右到左，可以解釋爲從此岸到彼岸的過程。
此岸到彼岸可以是從台北（上海）到上海（台北）的距離，
此岸到彼岸可以是從解構到重組的創作之路，
此岸到彼岸可以是從混沌到解脫的心靈之旅，
此岸到彼岸可以是從構思到付梓上市的書的完成。

✳ ✳ ✳

30歲是一個分界。
你好像得拔掉一些雜草再種點什麼新的。

2001年，整個台灣島的上空像是被一層由口水、鈔票與精液交織成的網膜所覆蓋，
即使穿得再乾淨還是覺得腥羶不已。生活是一條煎得不能再爛的魚——翻來覆去。
大社會裡的分裂融合每天在小螢幕裡激昂上演，卻越來越難理解。
代表主流價值的傳統道德教條規範與內在生命的發展越來越互不相讓。
內在壓力與外在混亂形成強烈的共震，力量大的將我甩到遠遠的對面去……

一趟無心的江南遊，卻意外在人稱鐵幕的圍牆裡呼吸到前所未有的清新。
悠悠的長江水、黃亮亮的油菜花田與厚實的土壤上安適的人民……
腦中殘留來自家鄉的電視畫面忽然清晰，與眼前的寧靜疊了影……
矛盾得讓人開始思考生活的各種可能與眞相它自己。

到上海之前我在書店裡服務。

檯面上陳列了很多針對上海的旅遊、投資和產業發展所撰寫的書籍，但是對上海充滿好奇卻不是台商又沒有投資能力的我而言，這些書都距離「我想知道的上海」太遙遠。身為一介平民，在面對變幻莫測的兩岸局勢時，我想知道的除了「上海湯包很好吃」、「上海人很精明」之外，還有一些「最平常基本」的事。比如那些未來有可能成為我工作或情感對手的人是怎麼理解事情的？生活的喜怒哀樂是什麼？如果我將來可以選擇的工作或居住空間擴大了，那些地方和我現在所居住的城市有什麼不同？等等。或許是因為太日常了，所以大家都覺得不重要吧。

對上海人而言應該也是。第一次的接觸讓我透過別人的眼睛看到自己，發現原來我們是如此的互相不了解。不管老上海還是新上海人，大家對於來自台灣的一切都充滿了好奇和誇張的想像。上海人都如此，更遑論更內地的人了。

在和傳聞中集各種傳奇於一身的上海接觸過後，老台妹我是驚嘆不已。所有你看到的事情，表象的背後似乎還有些什麼，卻一時說不清。從與人的交流中所產生的奇思妙想讓我靈光一閃：如果把背景相似、年齡相仿的兩個地方的人放一起讓他們自己說話，會是什麼景況？他們如何能成為最直接、最有說服力的溝通媒介？應該很有意思吧？「人」的部分於是成為這本書的發想核心。回台灣後我做了三張樣稿並提筆寫了企劃書向出版社提案，初步設定了人、城市、符號、休閒與文化等五個觀察面。然後再度飛回上海。

這本書是一個三十而慄並且充滿好奇的人找答案的行動藝術。
跨越此岸到彼岸，穿越黑白之間的灰色地帶和重重人群，我（們）會重新發現什麼？
我很好奇。

我有兩個親戚在上海。一個是娶了上海人住在浦東的表哥。另一個是家族早在十多年前就已進駐上海莘庄設廠的表姐夫。我的上海部份就從這兩個點開始擴散。

1

除非是遇到會吹哨子吆喝違規路人的交警或是因為快速道路，
我很佩服上海駕駛們的寬容與技術，
因為他們總是能即時的踩住煞車而不吭一氣……

移動方式

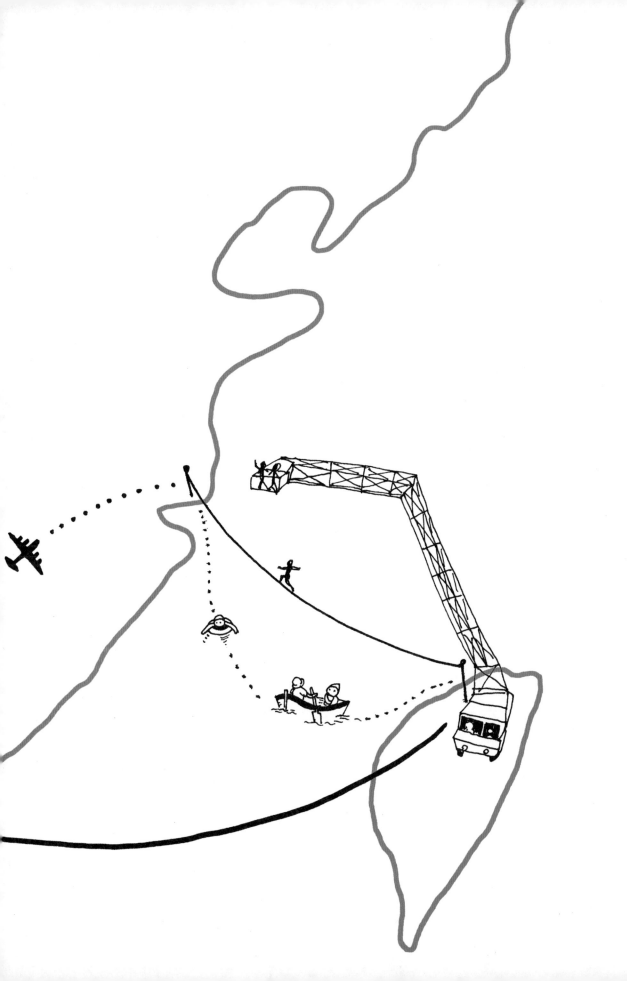

上海地铁 1
SHANG HAI DI TIE

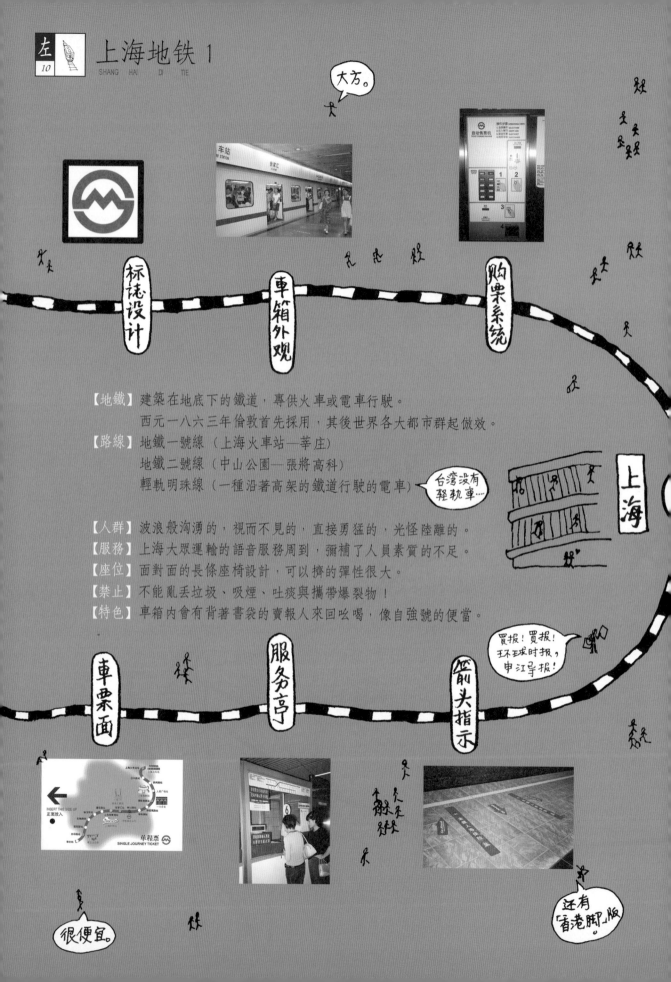

大方。

标誌設計

車箱外觀

購票系統

【地鐵】建築在地底下的鐵道，專供火車或電車行駛。
　　　　西元一八六三年倫敦首先採用，其後世界各大都市群起傚效。
【路線】地鐵一號線（上海火車站—莘庄）
　　　　地鐵二號線（中山公園—張將高科）
　　　　輕軌明珠線（一種沿著高架的鐵道行駛的電車）

台灣沒有輕軌車……

上海

【人群】波浪般洶湧的，視而不見的，直接勇猛的，光怪陸離的。
【服務】上海大眾運輸的語音服務周到，彌補了人員素質的不足。
【座位】面對面的長條座椅設計，可以擠的彈性很大。
【禁止】不能亂丟垃圾、吸煙、吐痰與攜帶爆裂物！
【特色】車箱內會有背著書袋的賣報人來回吆喝，像自強號的便當。

買報！買報！環球時報，申江导报！

車票面

服務亭

箭頭指示

很便宜。

还有「香港腳」版

還有另一款
「東方美人」版。

這一款車廂是彩繪台北的風景

也像手。

購票系統　　　　車箱外觀　　　　標誌設計

【捷運】一種快速而便捷的大眾運輸。由於在專用道上行駛，
　　　　不受其他車輛或行人的干擾，可提供乘客快速的服務。

【路線】木柵線（木柵動物園—中山公園）
　　　　淡水線（淡水—新店）
　　　　板南線（南港—板橋新埔）
　　　　另有多條延伸線路正構築中。

台北

【人群】川流不息的，較規矩的，較安靜的，面無表情的。

【服務】台北大眾運輸的人員服務周到，車上還有電傳視訊提供各式訊息。

【座位】對座與L型交錯的座椅，可以聊天也可以不聊。

【禁止】不能吸煙、飲食及玩滑板車！

排隊的

【特色】1.站在手扶梯上要往右靠讓趕時間的人走左邊。
　　　　2.柱子很多，小心撞到。

吃東西
罰1500元！

箭頭指示　　　　服務亭　　　　車票面

不必14白
會被他們罵！

單程票
SINGLE JOURNEY TICKET

凡事照規矩來。

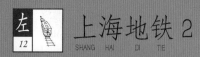

上海地铁 2
SHANG HAI DI TIE

到上海搭地鐵練橄欖球

7月24日

每回搭地鐵都讓人有逃難的無力感。

今天搭地鐵回莘庄時又發生了一件插曲,平時爭先恐後的人群終於惹事了。

他們無視於地上那箭頭方向的指示(基本上只能算是一種紋樣),一群在候車時就聒噪不已的女孩兒在車門打開的一瞬間就開始拼命往裡面衝,強大的力量把裡頭要出來的一個女孩給擠倒了!跌倒了不算,一支小腿還卡在月台間隙裡,趕緊在混亂中把她給拉起來。真太可怖了!不見其他乘客的譴責,也不見女孩們道歉,從眾人的神情裡我感受到別人對這件事反應之稀鬆平常……

這個事件又給了我兩點啟發:一、經我目測,上海地鐵的月台間隙應該比台北大,至少大五公分,或是這個站特別大。台北的車門印有"小心月台間隙"是對的,上海比較需要印的是類似:"小心被人群撲倒"或"衝啊"之類的文字。二、各國的橄欖球教練可以視上海地鐵月台為不可多得之訓練場地。日本的相撲選手也適合來此租場地練習。(寫稿時,網站上傳來上海地鐵又把人擠掉月台下而造成一人喪命的消息,我是一點都不吃驚。)

← 往上海火車站
TO SHANGHAI RAILWAY STATION

徐家汇
XU JIA HUI

上海地铁
入口指示

總是擠!擠!擠!!

上海地鐵站 = 移動的攝影棚

在上海地鐵站裡,你常會看到裝束原始面容黝黑略帶靦腆的外地打工族帶著粗糙包裝的鍋碗瓢盆安靜地坐在一角,身旁偶爾伴著一兩個年幼的孩子,靜默的互動在聒噪的上海人群中顯得格外突出。沒幾站你又會看到有人肩扛竹簍子穿過身著套裝的上班族步入車箱的畫面。許多只有在攝影棚裡才會出現的道具與組合經常可以在從上海火車站到莘庄站的地鐵一號線裡出現(因為外地人從外地坐火車到上海),這些組合有後現代的拼貼效果,常常讓我有一種不知身在何處的錯覺。鏡頭轉到台北的捷運車箱,大家的穿著都很"現代",行為舉止也很合宜,只有當衣著性感的美眉踏進車箱或是情侶忽然熱火起來時會引起眾人一些躁動(內心的),然後馬上又歸於平靜。與台北捷運的冷靜規矩相比,上海地鐵實在熱鬧也有趣多了。

不同的身體空間感

在台北，因為大家對身體的權利意識提高，所以搭乘大眾運輸工具時，彼此都會特別注意儘量不要造成他人的誤會。到了上海，整個情勢急轉直下，大家眼中所看、心中所想的，只有一件事，那就是如何搶到位子坐。在這樣的大原則下，有誰會想到「與別人保持身體距離」這檔事呢？不被踩扁就該感到萬幸了。雖然搭上海大眾運輸的經驗就像當保齡球瓶一樣（隨時都可能被撞得搖搖欲墜），偶爾也會遇到有人和你有一樣的警覺。常常，我會以對方是否與你的身體保持安全距離來判斷他們的身份，一排已經坐滿6個人的地鐵長椅，往往因為偶然出現的一條縫而又擠進一名壯漢，（注意：是一條縫，不是一個空位喔！）這個人肯定不是外國人，不知是誰，但肯定是臉皮最厚的人！

身體空間感的差異在上海與台北肯定不同

月台 ②往淡水　　新店　Hsintien
Platform

這是咱們台北捷運局針對夜歸婦女所做的貼心設計，站在這個區域裏，因為有了各種角度的錄影監控，感覺就像穿了一層防護罩般地安心。當然，瘦弱的男子也歡迎進駐！

夜間婦女候車區
Nighttime Safeguarded Waiting Zone

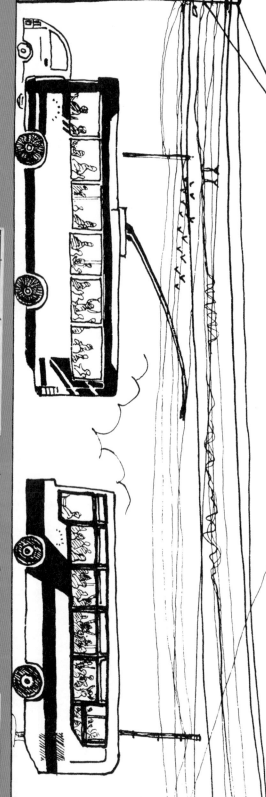

一根柱子可以單插也可以左右雙插兩面站牌，遠遠看就像一隻隻的蝴蝶一樣。至於站牌上的內容，除了公車路線說明之外，"七不"規範仍如鬼魅般如影隨形……基本上和台北沒兩樣，應該是等在下面的人想的心事不一樣。

地點：上海市莘庄區

【票價】 1～5元RMB不等。

【付費】 投幣或上車向車掌買票。

复古的票。

【車型】

大型、中型、雙層、電車花招百出。

【容量】大概都練過特技，可以塞比想像還要多的人。

【視覺】廣告面積大，引人目光。

【服務】

1.有令人懷念的車掌小姐(先生)喔！

不过他们嗓门大，也凶。

2.語音系統清楚明瞭。(台灣人不用怕睡過頭)

【禁忌】 百無禁忌。

【座位】 再多也搶不到。

【讓座】 老弱病殘孕。

老、病、殘、孕、懷抱嬰兒者 专座↓

【建議】 看人數再決定是否上車。

成人票每段15元，
學生軍警老人另有
優待。

【付費】
投幣或公車儲值
票。

不用準備零錢

【車型】

大巴　中巴　小巴

台北公車皆為空調車。(台北也曾有雙層
的彩虹公車)

【容量】沒有上海會塞。

【視覺】

廣告面積大、引人目光。

【服務】
1.有些司機很幽默，有些很凶。
2.語音服務沒有上海好。
3.有專屬的公車專用道。

【禁忌】不能吃、不能喝、不能抽煙。
【座位】有共識的讓座文化。
【讓座】老弱婦孺。

博愛座 Priority Seat

請優先讓位給
老人、孕婦、行動不便及抱小孩的乘客

【建議】上車動作要快，免得被車門夾到。

貼得很近

明日
即將上映

史蒂芬史匹柏＋湯姆克魯斯
關錢報告

660　530

捷運公館站

台北的站牌多了曲線地
圖，說明性更佳。近年
來公車專用道的施行，
使得台北市民不但縮短
了乘車交通時間；更可
以坐在防曬遮雨的美麗
棚子下優雅的看書。讓
「等公車」除了無聊的站
在一根根的牌子底下，
多了另一種選擇。

地點：台北市仁愛路

公車專用

认识上海公车

RÈN SHÍ SHÀNG HǍI GŌNG CHE

 等車……

久多沪北汽车有限公司

"買票！買票！"

上海的公車除了一人服務車之外，幾乎都有隨車車掌"好好地照顧"我們乘客。

他們像自家的婆婆媽媽擁有眼尖、鼻靈與大嗓門的共同特質。尤其是在晃動的車身裡穿越重重的肉圍循線搜索到剛上車的乘客這一項，實在可以被視為一種"特異功能"。

瞧！咱上海車掌大多有一個專座
座位前方通常有個工作檯，上面有零錢格以及語音系統的按鈕，人少的時候，我們就坐在座位上。

關於上海貼心的公車語音服務必須在此特別介紹。以從莘庄到徐家匯的"滬莘線"為例，公車上的語音內容如下：

1. 車離站：
"車輛起步，請拉好扶手，上車請買票。下一站：南方商城，下車請準備。"

2. 車停站：
"南方商城站到了，請下車。下車請走人行道，過馬路請走橫道線，滬莘線，方向：雙峰路。"

從第一站開始，這樣的說明每站都聽得到。台灣的朋友們不必擔心坐過站甚至坐錯車喔！

下車………

作者的塗鴉

THE END

上車……

先圍堵再說   最敏捷佚子檔

（總算可以開動……）

與孟克一起「吶喊」～

公車的天空則是看上海的另一扇窗。

（休息，是為了迎接更多奮不顧身的乘客。）

呵，沒介紹什麼，車又要到站了。歡迎台灣朋友到上海來玩我一定會把祖國的繁榮昌盛与強大，好好地向你們介紹。再會了！

天氣熱了，車上还有免費的扇子借你用里。

【收費】

起跳：3公里　10元

超過3公里：2元／每公里

夜間11時至翌晨5時止加三成，

起步價13元，3公里後每公里2.6

元。超過10公里，每公里3.9元

夜間可還價，也可共乘。

【顏色】

大眾—花花綠綠的青

綠色、白色、金黃色

與藍色等。

【口才】

★★★★★

優秀的時事分析師。

【建議】

時時注意行車路線，別聊著聊

著忘了身在何處。否則下車可

能要付不少錢。

【保護】

有名的透明防護罩，整個把司機隔離開

來。(你頂多只能對他做鬼臉。)

起步費 10.00元
(3公里)
单价：2.00元
上海市出租汽车管理处
2001.1.

【其他】

上海有一種摩托計程車叫"摩的"，

在末班公車走了之後會出現在地鐵站

口等候乘客，他們經常拿著一頂安全

帽坐在發動的摩托車上對著人群吆

喝。好一個貼心又貼身的服務啊。

《顏色》
一致的黃。
(真正的黃包車在台北)

《收費》
起跳：1500公尺/70元。
續跳： 300公尺/5元。
夜間自11時至翌晨6時止加二成。
無線電電話叫車加十元。
開行李箱加十元。

《口才》
★★★★★
熱情的政治分析家。

《建議》
避免和不同政治立場的司機有
激烈的口水之爭，這個部份可
從他們聽的廣播頻道側面觀
察。

《保護》
如果有，應該是躲避坑洞與交通警察的
駕駛技術吧。

《其他》
台北推行一種【計程車共乘制】
的做法，它是一種為舒緩交通流
量，鼓勵同方向的乘客共同搭乘
計程車的措施。

【獲得青睞的原因】

1.兩個輪子(最便宜)
2.車身扁(最輕巧)
3.至少坐兩個人(除非你會特技)
4.比行人還老大
　(可以在人行道上橫衝直撞)

【數量】

非常可觀。

【坐法】

隨便你怎麼坐。有人可以一邊
撐傘一邊撩裙,技術很高明。

【服裝】

夏天有一種給女人防曬用
途的白色披風,套在身上
好比科學小飛俠。

【情感】

與生活緊密結合的忠實感。

【價格】

最便宜的到名牌車,
一百多到七、八百元
都有。

【種類】

除了腳踏車,上海還常可看
到三輪貨車、板車等具有古
風的運輸工具。

【結論】

雖然大眾運輸的帶動已使得上海騎腳踏車的人口有大幅減少的趨勢,但是尖峰時期站在路口觀察,
那陣仗還是挺駭人的。它的地位在上海人心中恐怕是難以被取代的。

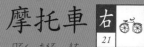

《獲得青睞的原因 》

1.兩個輪子(逃得快)
2.車身扁(好鑽好停車)
3.至少坐兩個人(除非你不怕警察)
4.比汽車還兇猛
　(可以在快車道上橫衝直撞)

《數量》

相當可觀。

《坐法 》

後面的人不能
側坐，否則會
被罰。

《情感 》

馳騁車陣中的速度感、
快感。

《服裝 》

一定要戴安全帽，否則
也會被罰。（500N.T）

《價格 》

依廠牌和c.c.數不同，
40000~70000台幣不等。

《種類》

加入WTO之後已開放重型摩托車的
進口限制，未來奔馳在台北街頭
的，應該還有許多人的兒時夢想。

《結論》

摩托車長期造成台北視覺景觀與空氣品質難以消除的醜陋與危害，然而愛恨一線間，它在台北人心
中的地位早已如GAMEBOY之於小男生；鴨舌頭之於港星；書之於我般不可分離了。

过马路

GUO MA LU

我们是城市里重要的"三个代表"。

"坚持前进，反对倒退"

紅燈止步綠燈通行，到了上海才知道，原來這裡的紅燈止步止的只是前面兩秒。

除非是遇到會吹哨子吆喝違規路人的交警，或是在快速道路上，人群才會稍加收斂，否則上海人過起馬路可是自由心證來去自如，雖千萬人吾往矣的。我很佩服上海駕駛們的寬容與技術，因為他們總是能即時的踩住煞車而不吭一氣，所有交通工具在混亂穿插中仍不忘給行人留一條行走的縫隙，技術之高絕對此處僅有，百聞而不如一見。

橫道線

搭乘上海的大眾運輸工具時，車上的語音不時耳提面命："行人請走橫道線！"原來所謂的"橫道線"是斑馬線在上海的另一種稱呼。兩條直線的設計，行人就走在線的中間，直直通達彼岸。

戒急， 用忍…… 趕快通！

"走自己的路"

燈號的方向不一樣，台北市民守法的態度也與上海人不一樣。普遍說來，台北市民還是屬於循規蹈矩的一群。守法最大的原因還不就是我們一旦就逮的交通罰款。拿過馬路這件事來說，凡是不依標誌、標線、號誌之指示或警察指揮，不依規定擅自穿越車道的行人，是要被處新臺幣三百六十罰鍰，或施以一至二小時之道路交通安全講習的。如果把這套罰則搬到上海，光是人民廣場前一個小時的人潮，上海市政府就不知道會增加多少營收了。

斑馬線

台北的斑馬線是由一條一條短橫線串連而成的，走在上面有一種跳著舞的韻律感，似閒晃似散步，與篤定直速的橫道線截然兩樣情。

2.

沒去大陸以前常在報紙或電視新聞的畫面裡
看到一條條以火紅色為背景所寫的沸騰詞句，
寫著像"科教興國"、"發展是硬道理"政綱的燈板，
混雜著陸上交警此起彼落的口哨聲與斥喝聲，
整座城市就好像沒有門的大教室，
不時對即將可能或想要犯錯的學生們進行指正與提醒……

符號

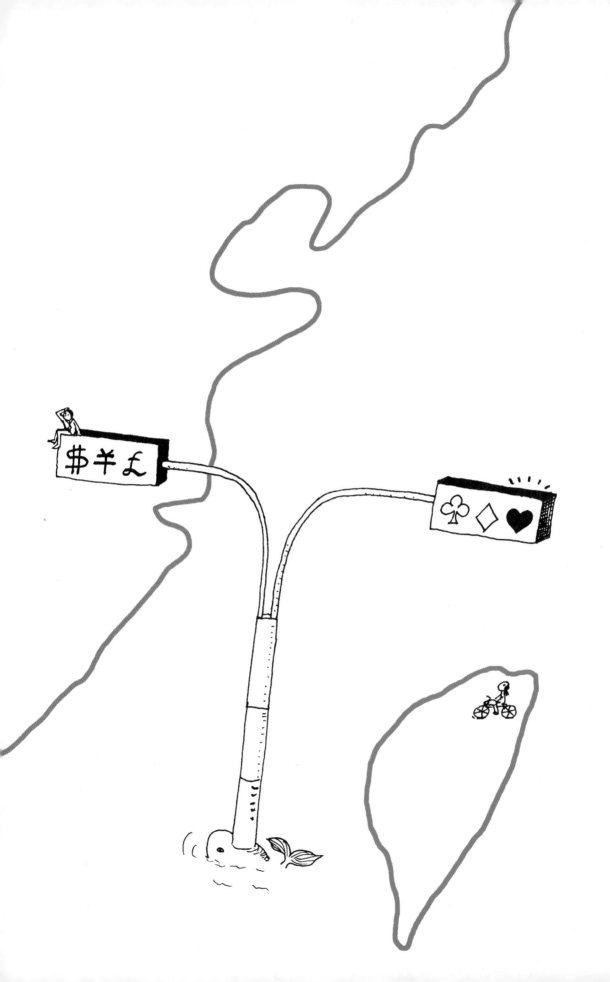

口号和标语
KOU HAOU HE BIAOU YU

没有門的教室

没去大陸以前常在報紙或電視新聞的畫面裡看到一條條以火紅色為背景所寫的沸騰詞句。這些紅字條出現的形式因標語的性質與所在地而有所不同。在重要的行政機關前，它就像一副對聯：左一條右一條。懸掛在馬路上空的，則是"横批"的一種。還有些則是在熱鬧的商業路段，寫著像"科教興國"、"發展是硬道理"政網的燈板。混雜著陸上交警此起彼落的口哨聲與斥喝聲，整座城市就好像沒有門的大教室，不時對即將可能或想要犯錯的學生們進行指正與提醒。習慣了台北街頭的冷靜，上海這種由文字影音所營造出來的充滿血性的視覺氛圍，讓人在觸目驚心之餘還真有些"澎湃"哩！（因為"紅"的緣故嗎？）從毛主席時代的"人有多大產，地有多大膽"、"實踐是檢驗真理的唯一標準"到江主席的"三個代表重要思想"，每個領導人在不同時期都留下了流傳後人的諄諄教誨，其應用之深廣，已達到令人瞠目結舌的地步。比如貴州一個屠宰場的標語竟然也説："以"三個代表"指導我們的屠宰工作"，真是輸給他們了。

發現上海1～10

遊走街頭最大的成就感就是將各種標語、告示和遵守不完的規範整理之後再湊成十個有趣的組合。

1. "一個龍頭、三個中心"

這是一句常在媒體聽到關於上海的介紹詞，指的是目前她因在地理上的顯要而成為政治、經濟與文化的中心。

2. "二要二不要"

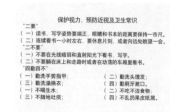

3. "文明小區三無"

三件不能在上海小區裡做的事情。

4. 5. "五講四美"

五讲四美

八0年代為提倡文明禮貌活動的口號。

五講指的是：講文明、講禮貌、講衛生、講秩序、講道德
四美説的是：心靈美、語言美、行為美、環境美

6. "上海市民六項文明公約"

7. 上海市民"七不"規範

8. "上海交通警察八大職業道德規範"

9. 從缺（有人知道嗎？）
10. "上海家庭美德十要"

台北新舊標語「出沒地」圖示：

* 牆上……

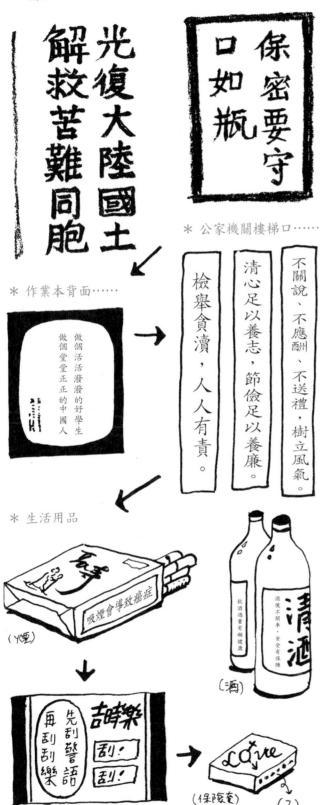

光復大陸國土
解救苦難同胞

保密要守
口如瓶
口號

* 公家機關樓梯口……

不關說、不應酬、不送禮，樹立風氣。

清心足以養志，節儉足以養廉。

檢舉貪瀆，人人有責。

* 作業本背面……

做個活活潑潑的好學生
做個堂堂正正的中國人

* 生活用品

吸煙會導致癌症
（煙）

飲酒過量有礙健康
酒後不開車，安全有保障
清酒
（酒）

先刮警語
再刮刮樂
吉時樂
刮！
刮！
（彩券）

LOVE
（保險套）
（？）

用眼睛看和用耳朵聽的

同樣的一句話，用眼睛看的（標語）和耳朵聽的（口號），哪種效果較好？標語和口號的源頭與發展史為何？在做這個小跨頁時已引起我的興趣。

台北舊時出現在牆上或城門的「保密防諜人人有責」隨著時空移轉，只留些斑駁讓人憑弔彼時。當年的「小心匪諜就在你身邊」、「時時保密，事事保密，處處保密。」若真的照做，是否家裡有大陸新娘的人都要變成妄想症和自閉症的患者？

不怪標語聳動，只怪「諜」這種生物來無影去無蹤，實在太可怕。恐怖的還不只這一種，台北開車族一見到有隙可鑽時，總有一種「先停了再說」的神經質，因此家家門口的「請勿停車」堪稱台北第一名的「標語王」。每年十月十日早上，我們一定要捱到喊完「中華民國萬歲」、「萬萬歲」才得以欣賞閱兵典禮。口號呼喊至今，其力道已比不上偶像隨口說的一句「只要我喜歡，有什麼不可以」。聽說有心之士為了導正社會風氣，正準備在風行的彩券上加註警語，不知道什麼樣的文字符號可以讓人立即放下貪念？我感到很好奇。

同樣的一句話，用眼睛看和耳朵聽的，哪種效果較好？我還不知道。但我想應該是能被「心」感受到的最好吧？！

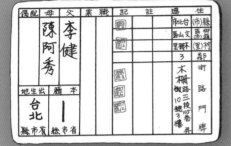

美麗的旗
莊嚴的旗
革命的旗
團結的旗

四顆金星
朝向一顆火星
萬眾一心
朝向人民革命

我們愛五星紅旗
像愛自己的心
沒有了心
就沒有了生命

我們守衛它
它是我們的尊嚴
我們跟隨它
它引我們前進

革命的旗
團結的旗
旗到哪裡
哪裡就勝利
（詩人　艾青）

【設計者】曾聯松先生。
【飄揚日期】1949年10月1日。
【設計意涵】
大星星★象徵中國共產黨。
小星星 ★★★★ 象徵廣大人民，即四個人民階級。
（工人、農人、城市小資產階級與民族資產階級。）

【色彩象徵】
紅──表達莊嚴熱烈，如革命的積極鬥爭行為。
黃──光明、珍貴，如中華兒女黃色人種的民族特性。

山川壯麗
物產豐隆
炎黃世冑
東亞稱雄

毋自暴自棄
毋故步自封
光我民族
促進大同

創業維艱
緬懷諸先烈
守成不易
莫徒務近功

同心同德
貫徹始終
青天白日
滿地紅

同心同德
貫徹始終
青天白日
滿地紅
（國旗歌）

【設計者】國父孫中山先生＋陸皓東先生。
【頒揚日期】民國十七年12月17日。
【設計意涵】
　白日十二道光芒代表一年十二個月，一天十二個時辰，
　象徵國家的命脈隨時間前進永存。
【色彩象徵】
　藍──光明純潔、民族和自由。
　白──坦白無私，民權和平等。
　紅──不畏犧牲，民生和博愛。

上海有些工房的晒衣場很特別，不像台北公寓有「陽台」的設計，這些房子的主婦是把衣服曬在一根根由室內延伸出去的戶外支架上。平常，掛滿五顏六色的布料就像一面面的萬國旗幾乎佈滿整個城市的天空；碰上陰雨天，這些空蕩蕩的黑線再加上幾隻彈彈跳跳的麻雀，更像是一首首迴盪在空氣裡的圓舞曲，給人極大的視覺想像空間。或許是洗好的衣服真的多到沒地方掛，走在上海街頭常會碰上一些令人叫絕的"掛旗事件"。過馬路的時候，你不僅要留意各方來車，還要當心從號誌燈架飄落的各式內衣褲。上海的可塑性與潛力由此可見，確實充滿了混亂、即興之作與意外驚喜！

下次来可以不用带那么多衣服了～～～

我必需很驕傲的說，台北（灣）人有投票權！

我們可以投票選自己的縣市長、立法委員，雖然我並不是
很相信他們的話；

我們可以投票選自己的縣市長、立法委員，雖然它的過程
非常幼稚和混亂；

我們可以投票選自己的縣市長、立法委員，雖然選舉總是
把台北弄得很醜。

雖然有一百個雖然，我還是可以勉強接受這些旗子的存
在，因為它真正代表的意義，是一種「台北市我最大」的
民主生活！

「選舉有三多..
①謊言。
②垃圾。
③旗幟。」

Yes.

做生意要吸引人得先從招牌來下手。對於"買賣"這個概念,東西方人有著截然不同的態度。歐美的招牌總是顯得小巧玲瓏、若有似無,中國人的店招則講究誇張與醒目,不論就廣告文字或體積色彩;上海具有深厚的商貿經濟基礎,體現在店招上的面貌是它一方面保持了中國人追求老牌與名牌的心理(比如"**記"、"**軒"),一方面又將西方的洋派情調巧妙地融在其中(比如"克麗絲汀"、"夢菲絲")。幾條街看下來,各種別出心裁的廣告店招確實把上海人那種中西合壁的開創精神展露無疑。

台灣這幾年講究「俗擱有力」，強調「俗又大碗」的文化。這樣的台灣精神表現在台北招牌的設計上，除了延續「大、高、亮」的基本原則，招牌上的文字與圖像也不小心把台北人各種底層的慾望、心事和喜好赤裸裸地呈現出來了。既然要有力，訴求就得誇張直接。所以你會看到如：台灣「第一家」鹽酥雞、全國「最大」量販店、「正四川」牛肉麵等「公然說謊」的店家。有趣的是雖然大家都知道「被騙」，卻也使用得甘之如飴。這些形形色色又前凸後翹的招牌一直被大家嫌棄了很久，但若真將它們連根拔除於台北的土地之外，這屬於台北特有的「味道」是否也會跟著消失？！

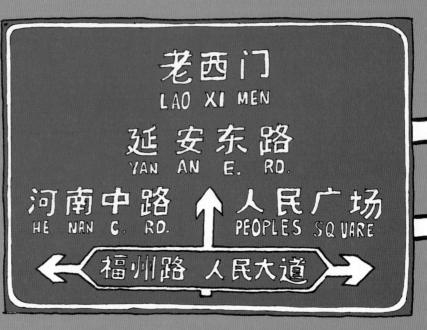

上海的道路標示讓去過的人都讚不絕口。第一、它面積夠大,說明夠清楚;在這一條街就可以預知下一、二條街的名稱與方位。其貼心與實用的程度可以讓觀光客少帶半張地圖。二、中英文並置而不顯得擁擠;可能是少了拼音的爭議所帶來的干擾吧?這樣賞心悅目的牌子多半出現在市中心的主要街道,所謂國際大都市的基本配備應該就是如此。

路牌設計:

上海的路牌設計同樣是中英文並置(偏遠的莘庄小鎮亦然),簡潔的訊息讓人一目了然。不但左右有"東西"可供方位的辨別,符合人體工學的視覺高度(約200公分)也讓人免去張望的焦慮。

忠 孝 東 路
◀ 四 段 | 五 段 ▶
ZhongSiao E. Rd.
Sec.4 | Sec.5

W◀4th Blvd.▶E

◀思 源 街

▲羅斯福路四段▼

好高啊。

台北的道路指示牌由「大牌」與「小牌」所組成。「大牌」的內容主要是前後路段的中英文說明，看板中間既像「I」又像「1」的直線在辨識上形成了干擾，也把畫面切割得更零碎。同樣是中英對照，因為很多重要的人對拼音都有不同的意見，所以同一條道路的不同路段常常會出現不同的拼音。以忠孝東路為例：從中山南路到研究院路就有「Chungsiao」、「ZhongSiao」與「Chung Hsiao」三種「忠孝」的拼音法，真不知這些「指示」到底要將人們指向何方？「小牌」上面寫的：【×th Blvd.】與【×th Ave.】是把台北市內主要街道冠上數字後的「新路名」。【4th Blvd】即第四大道，指的是忠孝東路。但是如果有外國人跑來問我：「第七大道在哪裡？」我是完全答不出來的。

路牌設計：

飄渺而高聳，可遇而不可求；英文路名標示不清，會讓近視眼兼路痴的人迷霧街頭一整天。（不知是因為台北外國人不夠多，它才長成這樣?! 還是正因為它長成這樣，所以外國人才不來?!）

施工銘牌
SHI GON MNG FAI

上海各大工地現場，常常可以看到一位帥哥。他，就是上圖的男人。昂首挺胸、英氣逼人，重要的是他出現的時候面積通常都挺大的（像另類的"偶像看板"），不知道是不是所有上海的工人都長得這麼帥咧？延續上海一脈的手寫風格，這張施工銘牌透出一股淡淡的張愛玲式的纖弱，與台北剛正不阿的鐵板印刷形成一種對比，也為剛硬的土木工程增添了一絲文雅的氣質。

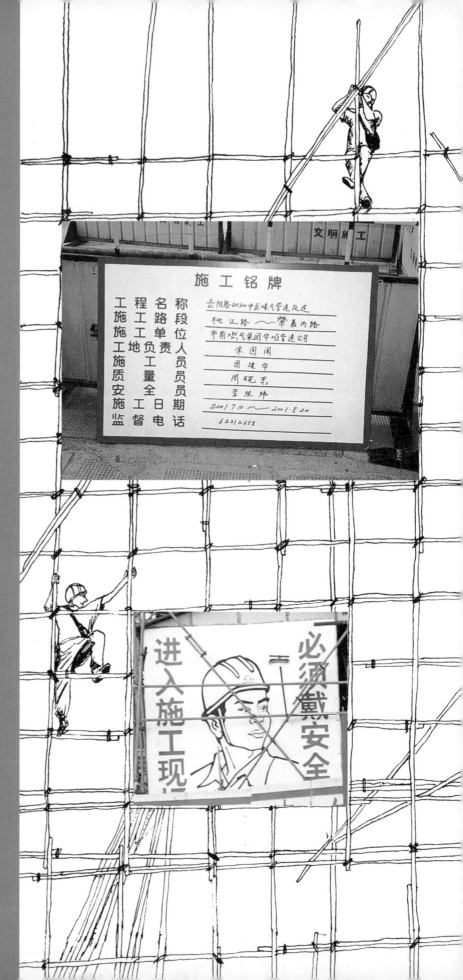

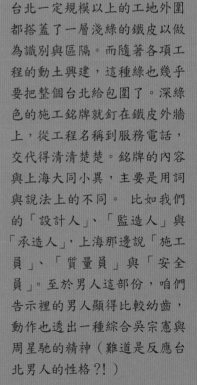

工程名稱	誼佳建設有限公司		新建工程
建造執照	90	建字第 249 號	
起造人	誼佳建設有限公司 負責人：王耀庭	使用分區 商業區	
設計人	大凱	建築師事務所	
監造人	大凱	建築師事務所	
承造人	巨發營造股份有限公司		
工程概要	地下一層地上七層	RC構造	
開工日期 90年12月1日	預定完工日期 92年6月30日		
服務電話	承造人 0936138638 / 監造人 23212152 / 機關 主管 建管處 施工科 2720383		

如發生施工損鄰事件，受損戶請於本工程屋頂版澆置後兩個月內向台北市政府工務局建築管理處申請會勘，以免權益受損 十大行 25563076 7

WEAR HELMET TO ENTER JOBSITE
進入工地 請戴安全帽 安全第一

台北一定規模以上的工地外圍都搭蓋了一層淺綠的鐵皮以做為識別與區隔。而隨著各項工程的動土興建，這種綠也幾乎要把整個台北給包圍了。深綠色的施工銘牌就釘在鐵皮外牆上，從工程名稱到服務電話，交代得清清楚楚。銘牌的內容與上海大同小異，主要是用詞與說法上的不同。 比如我們的「設計人」、「監造人」與「承造人」，上海那邊說「施工員」、「質量員」與「安全員」。至於男人這部份，咱們告示裡的男人顯得比較幼齒，動作也透出一種綜合吳宗憲與周星馳的精神（難道是反應台北男人的性格?!）

橫臥鐵軌，不死也要員上法律責任！

保上海交通‧樹上海形象

司机一滴酒
亲人两行泪

赶牛轻松
事故无情

你礼我让
道路通畅

那有绿灯的通行
没有红灯的约束

安全来自警惕！
事故出自麻痹

（地點：上海市徐匯區）

抢道不是英雄，
让道不是懦夫！

不知是否為語言感受的差異，聽到的大陸警語都覺得挺有趣、挺生動的。同樣是警告，有些地方顯得極富詩意，有些則在被恫嚇的"寒意"升起時，竟也同時產生一股"笑意"。聽過最讓人不寒而慄的標語是放在廈門的："違法越界觀光，小心槍彈掃光"。哇！真是殺人不見血啊。害怕！害怕！

交通規則人人遵守
交通安全人人都有

最上道，醉不上道
醉上道，最不上道

不逞一時之快
只求一路平安

頭上有一帽
安全有一套

高速公路莫超速
生命安全保的住

交通財產要得保
交通安全不可少

（地點：台北市中正區）

「交通警語」顧名思義就是讓人看到之後要有「被警告」而心生「警惕」的標語。這裡的警語每一首念起來都像在念繞口令，字裡行間不是「規則」就是「安全」再不就是「生命財產」。既無創意，連詩意都沒有。不過話說回來，是不是因為咱們都很自覺，所以不需要這麼刺激的用字？再研究。

牌照

PAI ZHAOU

中國大陸的民用汽車牌照上有兩行字，上面一行小字是省、直轄市、自治區名稱加上發牌監督機關的代號。（如"福建01"代表福建省發牌機關號），第二排是車輛編號。

─福建01─
08023

民用汽車編號一般為五位數字，超過10萬時，就由A、B、C等英文字母代替。

一般小型民用車牌照為"藍底白字"，還有各種"黃底黑字"、"白底紅字"等數種，要再研究。

上海是直轄市，直接以「沪」為首。

摩托車

* 上海摩托車數量很少，聽說是因為昂貴的牌照稅使然。難怪那天摩托車主人看我拿起相機要拍照時，露出了一種難以理解的神氣微笑。此重型摩托車牌照的位置很特別，有種犀牛角的味道。

* 50CC以上的重型車是"黃底黑字"，50CC以下的摩托車(助動車)則是"藍底白字"。

* 聽說上海為了提昇國際形象，即將在2005年頒布機車禁止進入市區的禁令。果然比台北有魄力呀！

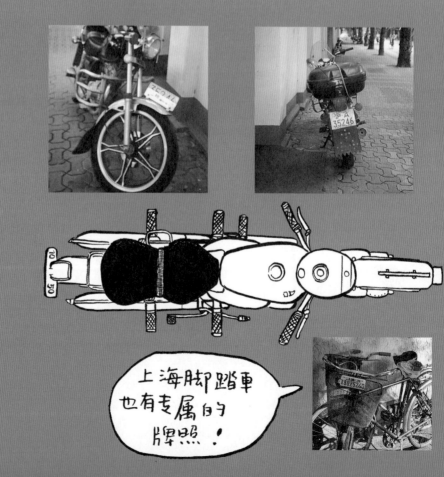

上海腳踏車也有专屬的牌照！

牌照 右 43

以「台北市」為首（如果車籍
在台北的話），兩個英文字母
加上四個阿拉伯數字。
一般私家車是白底黑字，營業
用的計程車則是白底紅字。依
用途和車型的不同而有其他組
合…有點複雜，你們不需要知
道吧？！

因為汽車越來
越多，未來即將
改成"先數字、再
英文"的新牌照.
不夠用再說！

JVC！哈

IBM！哈

DOG！哈

* 台北摩托車只有後面一個車
牌。（這樣也好，可以減少
違規被逮的機率）牌面是3個
英文字再加上3個數字。偶爾
剛好見到是英文單字組成的
車牌，如：〔HOT－321〕、
〔PIG－567〕等特別有趣。

* 牌照依車子的ＣＣ數不同，也
有綠底白字和白底黑字兩種分
別。由於數量驚人，連英文字
母都加入編號。

3

由於中國的媒體由黨所控制
（聽說加入媒體工作的必要條件之一是必須成為共產黨員），
一打開上海台或東方台的新聞，
每天的播報內容幾乎都圍繞著 "黨" 的活動
與國家建設等 "國家大事" 打轉……

媒體與文化

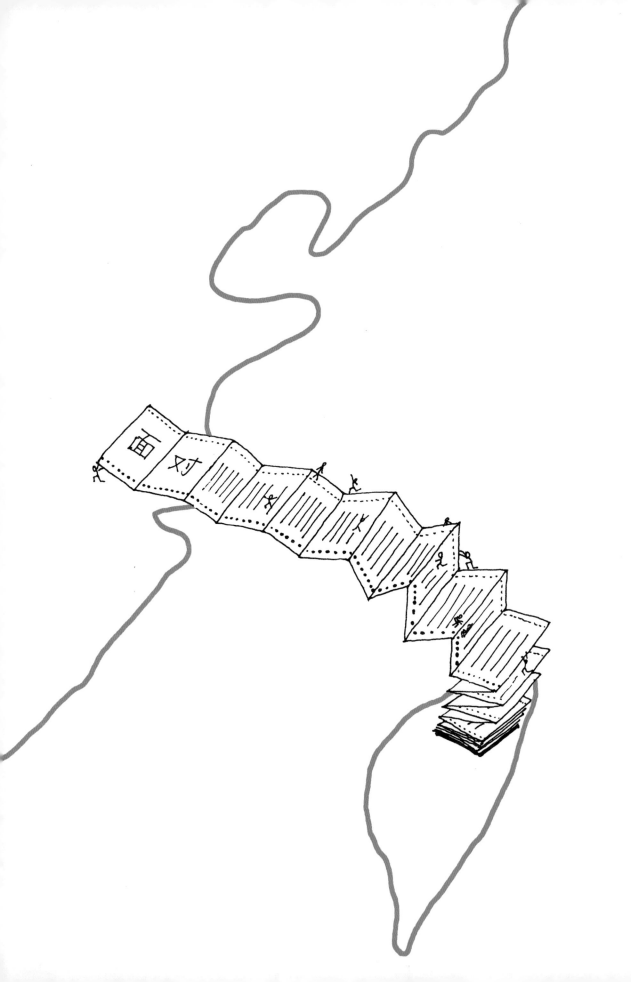

三步一小攤、十步一個店

漫步上海最好的消遣就是欣賞沿街花花綠綠的書報攤文化
不論是隨意擺設的路邊攤或是標準的書報亭
一本本秀面的陳列方式總是讓人一眼就可以看盡所有的書目
很快可以找到想要買的目標物而不致有遺漏的可能
這種門面文化充份展示了上海人做生意的本領
也讓台灣來的小女子見識了當地書報發展之蓬勃

這些書報攤以不同的風貌佇立在街頭，靜默地招喚著熙來攘往的人群。有的
完備如一家小書店，有的機動如吉普車。現略為整理下列四種說明之。

最常見的形式。以 "東方書報亭" 為例，一個木造的亭子，
外部被刊物所包圍，只留一方小小的空窗與外界對話。

特色：麻雀雖小、五臟俱全
配備：應該是二壺（尿壺及水壺）
出沒地點：大街小巷

〈壹〉

地鐵裡的書報攤。小站如解放日報
書報亭，大站如上海圖書公司。
特色：開放式的閱讀空間，方便潮
來潮去的人群進駐
配備：高度的警覺心
出沒地點：各大交通要站

〈參〉

一張桌子，幾張可以鄰居聊天的凳
子，即可開張。
好處是可以一邊工作一邊持家。
出沒地點：自己家門口

〈肆〉

一部腳踏車或摩托車，幾片網架、
幾把晒衣夾夾即可。好處是拆卸容
易，來去自如。
特色：騎到哪賣到哪
出沒地點：神龍見首不見尾

〈2〉
重慶南路書店街
此乃台北市書局密度最高的一條街,可與上海福州路相衡。

〈3〉
走入歷史的雜貨攤
報紙、冷熱飲、茶葉蛋與香煙等一應俱全。多才藝者另包「打鑰匙」。

〈4〉
陽春書報攤
西門町附近的書報攤,攤主多為退伍老兵。

如果檳榔西施來賣書

台北的書報攤文化沒有上海來得精彩,
我想這和台北人的閱讀消費習慣有很大的關係。

台北街頭的書報攤已芳蹤難尋,只有在台北車站附近的館前路與重慶南路附近的騎樓裡,還可以發現他們的蹤影。這些攤子以販賣報紙、暢銷雜誌與旅遊地圖為主,有的還因攤主的個人偏好而有另類商品出現。

勢力範圍越來越大的便利商店,不僅食衣住行育樂各項產品服務無所不包,同時也是台北市民購買書報雜誌主要的管道。一般市民家裡多有訂報,如果買八卦雜誌,大家第一個選擇也是住家附近的便利商店。

台北年輕人多半選擇到書店裡去購買雜誌,因為裡頭設有專門的雜誌專區,不僅分類詳細,還有各國進口的特殊品項,是台北年輕人主要的文化消費場所。(上海雜誌銷售則集中在書報攤而不在書店裡,部份書店裡甚至找不到雜誌的蹤跡,由此可以看出上海人把書店和書報攤定位的很清楚。)

可以這麼說,台北街頭幾乎沒有亭子了。唯一的一種,是裡面坐著穿著清涼、笑容可掬的年輕辣妹,而她們賣的是檳榔。
不知有沒有那一天,咱們來把檳榔換成書,讓「書報西施」來振興中華文化?!

明日世界之「書報西施攤」

〈1〉

上海書店裡的排行榜，大都有文藝類與非文藝類兩種區別。從排行榜上的書目可以發現，上海與台北的閱讀偏好並無太大的區分，大家都熱衷追求獲得成功與財富的方法，也注重心靈成長與人性的解讀。值得一提的是，上海父母對子女的素質教育非常關心，常有此類議題的書籍出現。名家作品與經典文學一直是排行榜上的長青樹，而咱們台灣作家如龍應台局長與痞子蔡的作品也是上海排行榜上的常客呢。

不談書，談談店裡一批另類的「服務」人員。

他們不站櫃台，也不負責回答問題，只是在一旁「觀看」店裡的客人。書城裡的人潮並不遜於台北的敦南誠品，或許是各地慕名而來的愛書人太多太熱情，連一樓大門口也站著很多像公安的衛警，瞪著大大的眼維持著秩序。挑完書到櫃台結帳，再把捆了紙帶的書與收據拿給這些警衛蓋章，他才會發給你裝書的白塑膠袋然後目送你離去。整個過程一直覺得少了點什麼，想了想，應該是在台北無微不至的服務和聽得很熟悉的「謝謝光臨」吧。

福州路上另有兩家特別的書店。專賣各種美術用書、圖稿畫冊的古籍書店（近福建南路）與書城斜對面的外文書店（近山西南路）。古籍書店讓人入寶山很難空手回；而門口高掛四座希臘雕塑的外文書店則把自己的身價品味遠遠地與其它書店拉開，宏偉的氣勢頗能與店裡頭昂貴的書價相襯。

比起其他繁華的街道，被譽為「中華文化第一街」的福州路，濃郁的書香氣息果然令人留戀止步。穿過叮叮噹噹的腳踏車聲以及一路上樸素的人文風華，從古老的門面、陳舊的貨架上，我不僅從各種生活日誌、帳本簿冊裡窺見了上海人腦袋的區劃方式，也在這條街上感受到另一種平實不造作的文化生活。

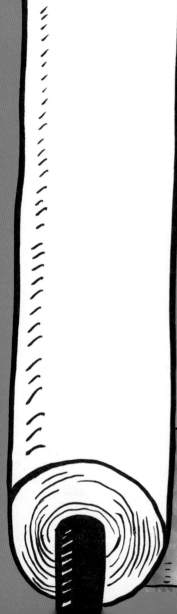

福州路與上海書城

我在上海閒晃主要的交通工具是地鐵。

不論從莘庄到浦東或是從浦東到莘庄，都得在人民廣場站換線。於是乎，整個上海我最常也最愛逛的街就屬人民廣場站附近的福州路了。

一出站口，觸目所及的，除了人，還是人。

穿過烏壓壓的頭皮，你可以看到掛著「科教興國」四個大字的天橋。那兒就是書店街福州路的入口。

整整一條福州路，用散步的方法走到盡頭也得需要二三十分鐘的時間。盡頭的另一端直通外灘，與一旁擠滿觀光客的南京東路步行街相比，自是多了一份文氣與爽氣。

福州路上各式大小新舊的書店，文具用品店櫛比鱗次，裝幀裱畫的藝廊、紙用品店一字排開，真可謂墨香四溢。不僅選擇性多，價格也比台北便宜實在。我就在一家老舊的文具店裡，找到一本裝幀精美，只需要人民幣十二元的素描本，這些物超所值的挖寶樂，確實可以滿足我們這些有嗜紙癖的怪獸們。

上海名聲最響亮也最具號召力的書店非上海書城莫屬，而她就臥在這條文化街的中央。這棟大得像城堡的書城一共有七層樓，每一層樓面積就像百貨公司一樣寬敞舒適。與台北相似的是她在一進門的大廳裡也有新書檯與各類主題書展；再往裡頭走，則是最有書城指標意義的「上海專區」。這個區域裡放的全是與上海相關的書籍；如上海經濟、上海旅遊、上海文化、老（新）上海等等。設置用心，確實服務了來自各地的上海迷。

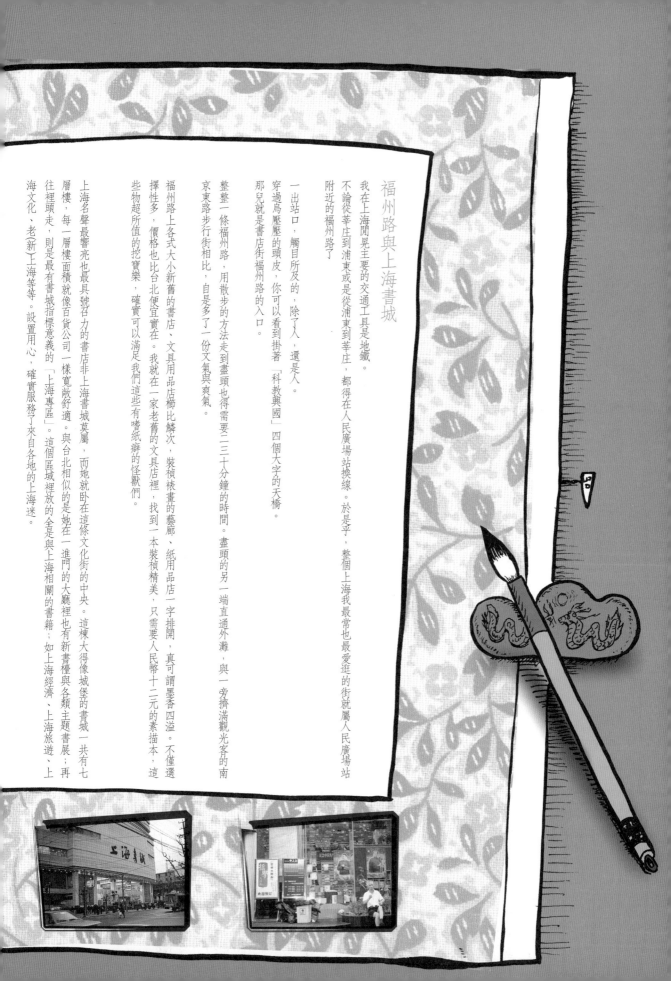

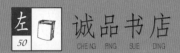

诚品书店

CHENG PING SUE DING

地點：上海誠品桂林路店

大败局
金叉：股市操盘手
快速记忆法
成功一定有方法
穷爸爸·富爸爸
书店風雲（华東）
誠品書店

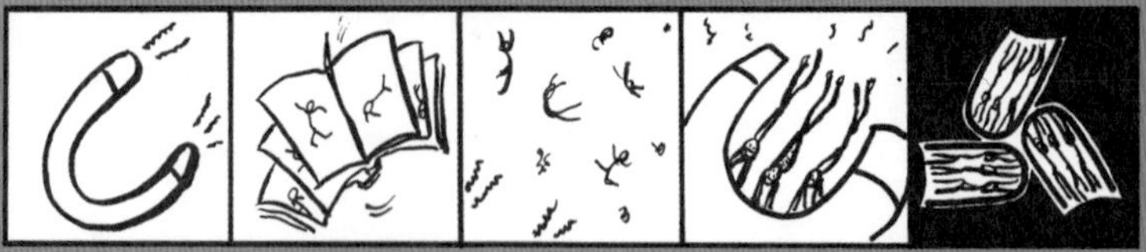

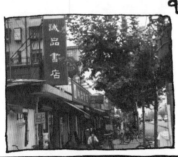

【解釋誠品】以誠信為本，以品格為真。

【分店數】12家分店（上海市）。

【營業時間】9：00AM～9：00PM （12h）。

【門市外觀】要仔細看才知道這是一家書店（黑板文化又出現了）。

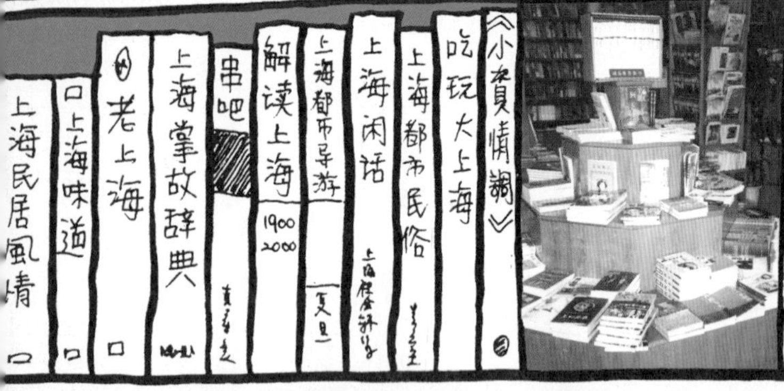

上海民居風情
上海味道
老上海
上海掌故辞典
串吧
解读上海 1900 2000
上海都市导游
上海闲话
上海都市民俗
吃玩大上海
《小資情調》

【企業標誌】三本書組成的標誌（如上圖）

【書籍陳列】亂中有序，平凡中見巧思。

【閱讀氣氛】書店一角擺了幾張像餐廳裡的咖啡桌，努力的企圖值得嘉許

【人潮買氣】可能因暑期學子返鄉，未見人潮聚集。

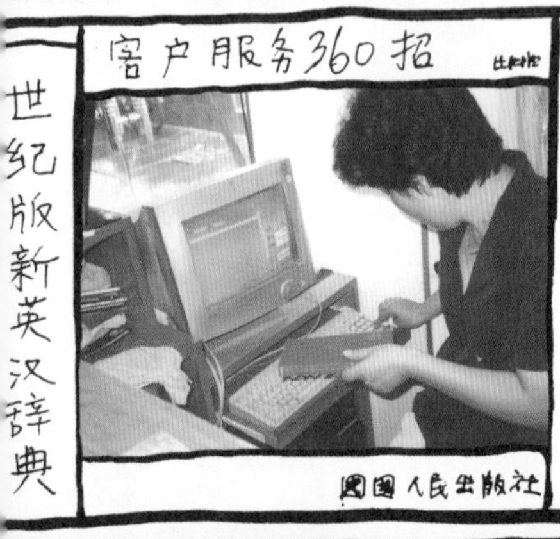

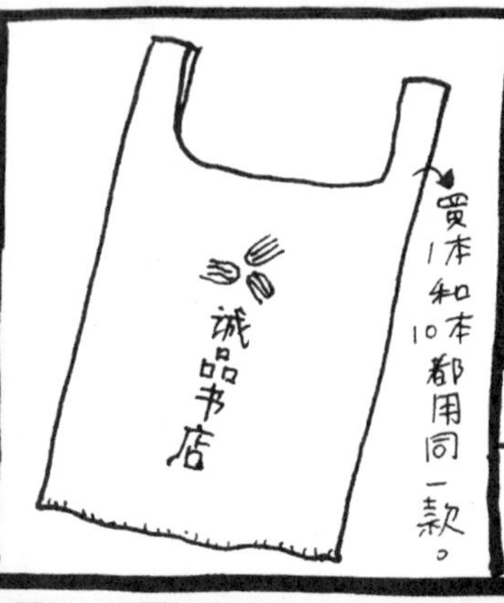

世纪版新英汉辞典
客户服务360招
人民出版社

诚品书店
買1本和10本都用同一款。

【門市服務】負責。

【包裝設計】白色塑膠提袋（如左圖）只有“包”和“裝”，没有設計

【會員折扣】九折。

【誠意】★★★★★

【品味】★★★

文化苦旅
魯迅小說合集
艺术的法则
奉承史
乞丐囝仔
蛋白质女孩
挪威的森林
爱尔兰咖啡
性别诗学
智识的绝响
社会理论与现代性
权力与货币
百年恩索
历史资本主义

【VIP卡】

誠品書店
CHAMPION BOOK STORE
但願讀盡古今經典
以诚信为本 以品格为真

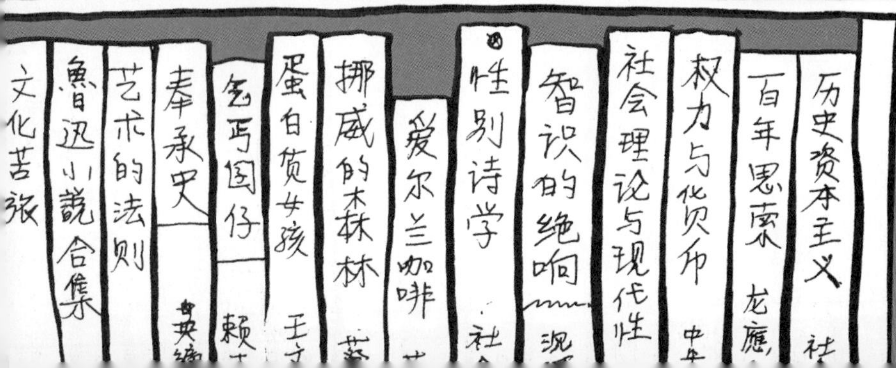

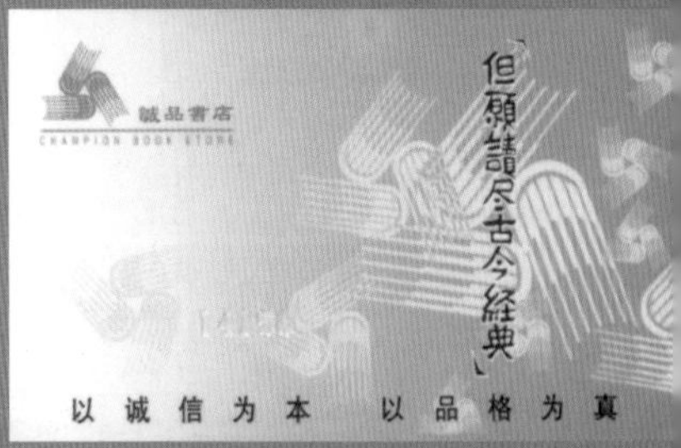

地點：台北誠品台大店

誠，是一份誠懇的心意，一份執著的關懷；
品，是一份專業的素養，一份嚴謹的選擇。
43家分店，1家折扣書店，及4家音樂館。
10：00AM～12：00AM（敦南店24小時營業）。
採光玻璃搭配精緻而文藝的櫥窗設計。

台灣書店風情

夢十夜／宮田萍／姑頭／上海的風花雪月／上海寶貝／上海探戈／衛慧／芳柵／單車日記

三個方塊組成的標誌（如上圖）。
配合各種宣傳名目有頻繁的佈局。
書店內設有咖啡店；燈光美、
氣氛佳；有好書、美人、音樂。
隨時人潮絡繹於途，
堪稱該區之冠。

書 ● 店 ● 風 ● 景

Smile 7 Brains／Smile 在台北生存的100個理由／touch www.新家庭／Smile 女人要勇帶刺／Smile 工作DNA／營養學 地下鐵／Smile 交換日記／Smile 天才10次方／Smile 封面／TO 華薩視的昌嶼／MARK 鄧肯自傳

年輕、有禮貌、效率高。
一系列紙、提袋（如右圖）
設計貼心。
九折。

★★★★★

★★★★

《閱讀地圖》

白色塑膠提袋
誠品書店

黑絕包裝紙袋
誠品書店

量多時使用
（心安型）
誠品書店

（大・小尺寸）

【VIP卡】

誠品書店
the eslite bookstore

從共產主義到市場經濟／工作在上海／競爭中國／立足上海／企業的概念／中國的世紀／CHINA AND THE WTO／全球經濟預言／追尋現代中國：現實與／台灣史探微／發現台灣（上）／全球化迷思／誰在操縱我們？

（畫面人物為現任上海市長韓正先生）

　　一般台商家庭多半有兩台電視搖控器可隨時做本地台與台灣小耳朵
節目的切換。每到傍晚時分（6：30），我會先打開東方台或上海電視
台看當地的新聞，然後在七點的時候再切換到小耳朵去看台灣的新聞。
　　由於中國的媒體由黨所控制（聽說加入媒体工作的必要條件之一是必須成
為共產黨員），一打開上海台或東方台的新聞，每天的播報內容幾乎都圍繞著
"黨"的活動與國家建設等"國家大事"打轉，不是江澤民主席出來闡述"三
個代表重要思想"的重要性，就是哪個省市又有新的大開發方案，而結論總是一
片前途光明燦爛的美好遠景。不曾見過有哪家人威脅要跳樓或夫妻吵架持刀殺人等
"家務事"這一類類的新聞，至於政治人物的八卦糾紛那就更不用說了。
　　這讓我有些感觸：咱們台灣的新聞內容百無禁忌，自由競爭的結果是缺乏自律的走樣演
出，進而人心惶惶。大陸新聞報喜不報憂的最大好處是人民透過媒體只感受到國家持續的
進步與發展。知的權利肯定被剝奪了，但這何嘗不是穩定民心的一種方式。或許人就是需
要一定程度的假象與自我催眠來維持前進吧。我在自由與限制中擺盪思索著……
　　不像台灣滿街跑的SNG車（對面稱地球車），我在上海很少看到新聞直播或現場連線的畫面，除非
是有重大新聞如申奧成功和建黨八十年慶等大事件才會出現。申奧成功的那夜，我想大概全中國
的地球車都出動了吧，幾乎所有的頻道都在全國各地訪問熱情的民眾們……
　　此地記者播報新聞時多半正襟危坐，說話字正腔圓，很少聽到有吃螺絲的情形發生。記者播報採取照
本宣科的正統方式，不會有過多的情緒與肢體動作。
　　看完一段新聞，就像上完一堂課一樣。

（畫面人物為現任台北市市長馬英九先生）

台灣電視的頻道數有一百多台。光是新聞專業頻道
就不下十數台。
因為土地面積有限，可以想見這些新聞所報導內容的
高重複性。
由於強調二十四小時播放的服務，一件喝酒駕車的小事
可以重複在不同頻道的每個整點新聞裡疲勞轟炸你一次，
而強調SNG連線的即時新聞，又讓我們對於「看新聞」這件
事真是又喜愛又怕受傷害。喜的是你可以在台北同步欣賞阿
里山的日出或體育場裡的棒球賽，可怕的是你完全不知道這些
到處獵影的車子又會透過管線傳來怎樣不設防的粗暴畫面或不堪
的話語。
台北的主播們非常強調個人的播報風格，不僅用詞誇張煽情、表情
與肢體動作更是活潑。有的人坐著，有的人站著，也有邊走邊說的，
只差沒有躺著的。所以有很多人是在欣賞主播「表演」而不是真的在
看新聞。而為了提高收視率，還有媒體甚至斥資製作虛擬主播與真人做
互動式播報。
近年來台北的新聞已大幅走向新聞綜藝化的路線，食色腥羶的話題無所不
包，讓看新聞的人情緒起伏很大，其效果已等同於欣賞一齣綜藝節目。種種
花俏的噱頭，雖然為新聞注入了新的詮釋生命，也讓人懷疑我們好像真的沒
有「新聞」。

电视频道
DIAN SHI PIN DAO

上海人
看這些……

上海閔行地區

台數	上海節目
1	閔行電視一台
2	東方1台
3	上海1台
4	上海有限影視
5	東方有限戲劇
6	東方2台
7	CCTV-4
8	上海有限體育
9	教育台
10	CCTV-2
11	上海有限財經
12	上海2台
13	上海衛視
14	CCTV-1
15	東方有限音樂
16	CCTV-2
17	YNTV-1(雲南)
18	外蒙古電視台
19	上海有限生活
20	CCTV-4
21	安徽電視台
22	CCTV-8
23	CQTV(重慶)
24	CCTV-5
25	BTV-1(北京一台)
26	CCTV-7
27	湖南電視台
28	CCTV-3
29	江西一套
30	山東電視台
31	BS-1(日本)
32	CCTV-10(科學教育)
33	CCTV-11
34	BS-2(日本)
35	CCTV-6
36	上海有限生活
37	閔行電視二台
38	東方1台
39	上海1台
40	上海有限影視
41	寧夏電視台
42	山西電視台

刑事與法律：

寫實、驚悚！！代表節目為"案件聚焦"與"東方110"。帶領觀眾回溯各種刑案的發生與偵辦過程。很像台灣當年的"法網"與"天眼"。

傳統戲曲天堂：

上海人素來喜愛看戲聽唱。電視裡的昆劇、滬劇、京劇、評彈、滑稽戲等表演藝術選擇多得令台北人羨慕。

台、港、日、韓、西洋與當地等MTV的大會串。

中央台國際台。在台灣一會兒看得見一會兒又不見。

在地方台常看到重播的台灣連續劇，如"汪洋中的一條船"，頗有恍如隔世之感。

中國人的Discovery：

中央電視台第十台（科學教育頻道），內容涵蓋文化、科技與教育三個大類。內容豐富、質量均優，精采不遜於正宗的Discovery。

社區電視台：

提供地方商場特賣訊息與付費點歌服務（家庭KTV？）

在大陸看台灣：

・走進台灣
・海峽兩岸
・天涯若比鄰
・台灣百科…more？

我好看！

我有內容!!

我有質感，我依照「黨」的一切指示。

台北人的
電視裝這些

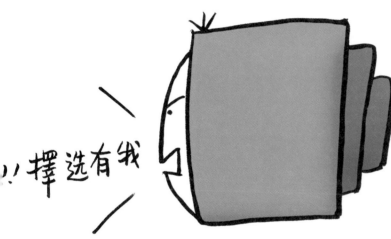

購物頻道：

結合俚語與順口溜，以一種近似唸歌的口語，販賣鍋碗瓢盆的商業頻道。

電影頻道：

香港＋日韓＋大陸＋好萊塢＋情色＋驚悚＋搞笑＋藝術各種……

台灣文化：

一票人到處找美食吃，到處找處女地探險的節目類型。

星座算命占卜：

協助台北市民一吐不景氣與窩囊氣。

新聞・談話・模仿秀：

把所有的大哥與小妹聚集在一起與call in的觀眾爭論八卦與真理。

大亞洲連續劇：

日劇＋韓劇＋港劇＋大陸劇＋鄉土劇＋嘔像劇……

在台灣看大陸：

• 大陸尋奇（中視）
• 走進兩岸（東森）
• 大陸聚焦（中天）
• 中國那麼大（三立）
• 周荃泡咖啡（TNN）
• 在中國的故事（三立）
• 台灣人在大陸（年代）
　　　　……more？？

宗教頻道：

聚集佛陀的大愛與基督福音等最發人深省的頻道。
（不可少）

台數	大安文山
1	TV華人商業台
2	恆生財經台
3	非凡商業
4	非凡新聞
6	民視
8	台視
10	中視
11	東森購物
12	華視
13	台北都會
17	華人商業台
18	龍祥電影
21	衛視電影台
22	東森電影台
23	緯來電影台
24	ET-Jacky
25	衛視中文台
26	TVBS-G
27	八大綜藝
28	八大綜合
29	三立台灣台
30	三立都會台
31	八大戲劇
32	東森綜合台
33	超視
34	中天娛樂
35	緯來綜合台
36	中天資訊
37	年代
38	TVBS
39	TVBS-N
40	東森新聞
41	中天新聞
42	民視新聞台
43	SETN
44	東森新聞-S
45	much TV
46	緯來體育台
47	ESFA
48	STAR-SPORTS
49	緯來戲劇台
50	緯來日本台
54	大愛電視台
69	迪士尼頻道
72	華人音樂台
73	National-Geographic
74	Discovery
75	太陽衛視
76	EF運通
77	公共頻道
78	中華企業
81	股市行情
82	NHK
83	Knowledge
84	華廈衛視
85	CCTV-4
86	霹靂
87	CNN
88	台藝
95	GOODTV好消息
96	佛光衛視

全球新闻财经生活资讯
周末 MODERN WEEKLY
INTERNATIONAL 画报
NEWS, BUSINESS & LIFESTYLE

文汇 读书周报
DUSHU ZHOUBAO 文汇.新民联合报业集团出版
第857号 2001年7月28日 刊号:CN31—0030 国内发行代号:3-40 国外发行代号:W0031T
电子邮件:http://dushu.in-china.com E-mail:whdstb@wxjt.com.cn

书报文摘
Books and Newspapers' Digest

青年报 YOUTH DAILY

新民 體育報 XINMIN SPORTS NEWS

精彩人生从此掀开—— 本期零售 0.60元
SHANGHAI Business 上海商报 蓝版 1
ⒸCENTURY PUBLISHING GROUP OF SHANGHAI 2001年8月1日 星期三 农历辛巳六月十二

上海出版 全国发行
少年报 CHILDREN'S DAILY

上海 壹周 Shanghai Weekly

军事 特刊 MILITARY WEEKLY

METRO SHOPPING

申江服务
申 SHANGHAI TIMES
导报

文化报
上海译报

南方周末
南方日报报业集团 主办
第917期
2001年9月6日 星期四
国内统一刊号 CN44—0003号
国内外发行 邮发代号:45—36
(本期24版)
http:// www.southen.com.cn
www.nanfangdaily.com.cn

房地产 时报 REAL ESTATE TIMES
中华人民共和国建设部.上海市房屋土地资源管理局指定信息发布媒体
第35期(总38期)今日二叠三十二版
2001年9月4日—10日 每周二出版

生活週刊

上海的报纸不仅种类多,标题的设计也很活泼!

這份报纸印刷精美,而且厚得像一本雜誌!只要人民币3元。在报类里头算贵的了。

上海人很热衷体育,体育报是必备的资讯来源。

同一种报纸还有分不同的版本,大家就知道上海报纸为什么满坑满谷了。

在所有书报类里作者最常买也最爱看的报。里头的资讯新观点奇異,编排好。还有欧阳应霁的漫画哦!只要1元RMB。

地铁站里的免费报。介绍有关地鐵的各种信息.有一半是广告。

可说是知识份子阅读的文化报吧!人文色彩浓厚。在上海报纸里算论述大膽的。啦!

這些是台灣便利商店裡販賣的報紙,數量沒上海多,就説是「量少質精」吧!

這是一份強調本土與在地觀點的報紙,每份10N.T

便宜、輕鬆、生活資訊多又豐富。是台北媽媽、小姐與太太們的最愛!

經濟日報和工商時報屬於做生意和喜歡玩數字遊戲的人。

別誤會!台灣日報報導的不只有台灣發生的事哦!

爆紅的英文報紙之一。

人間福報是佛光山星雲大師所創辦。發人深省的宗教情懷,上海沒有吧!

中國時報地位堪稱台灣報紙的大哥大,字貌雖老,但歷久彌新,屬見創意。

國語日報是給小朋友看的。學中文的外國人也適用。

TAIPEI TIMES

自由時報

經濟日報

民生報

聯合報

工商時報

The China Post　英文中國郵報

www.chinapost.com.tw

中國時報

國語日報

中央日報

影劇報 THE GREAT ENTERTAINMENT DAILY

人間福報 Merit Times

4

上海人說致富有三票：做郵票、買股票、中彩票。
到上海的第二天，熱心的阿姨就帶我認識了當地的彩票文化。
彩票的種類很多，複雜的系統與遊戲規則並不是我這個魯鈍的外地人所能理解的。
在"30選7"、"35選7"、"幸運37"、"天天彩"及"福壽財愛"套票等
令人頭昏眼花的組合中，我在阿姨專業的指導下，買了張"幸運37"，
順利地用人民幣兩元交換到了五百萬元的希望。
雖然，這個希望只維持了一夜…

生活與休閒

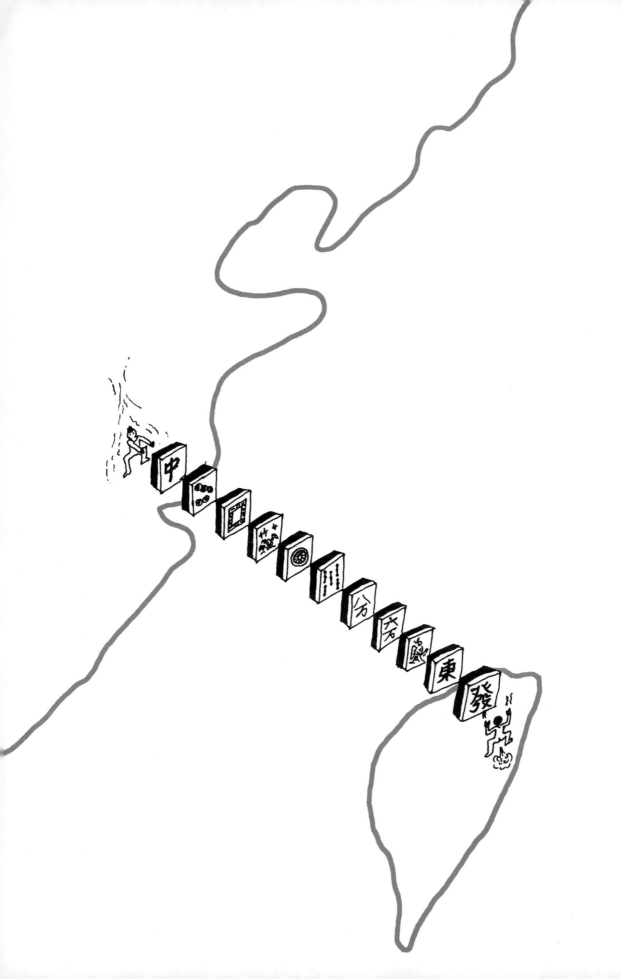

中国福利彩票
上海风采

福利彩票

上海人說致富有三票：那就是做郵票、買股票和中彩票！

哇～哇～哇～原來在台灣才剛開始瘋迷的彩券，在中國早已風行多年。

沒事常在街頭看到鋪著白布的長桌後頭坐了一排服務人員，浩大的陣丈彷彿是什麼運動大會的報到處，後來才知道這些人是在工作，賣的是一種叫"体育彩票"的玩意兒。還有一種特殊造型的彩票亭，販售的則是"中國福利彩票"。

到上海的第二天，熱心的阿姨就帶我認識了當地的彩票文化。

彩票在中國的種類很多，複雜的系統與遊戲規則並不是我這個魯鈍的外地人所能理解的。在"30選7"、"35選7"、"幸運37"、"天天彩"及"福壽財愛"套票等令人頭昏眼花的組合中，我在阿姨專業的指導下，買了張"幸運37"（在1到37裡選擇7組號碼），順利地用人民幣兩元交換到了五百萬元的希望。雖然，這個希望只維持了一夜。

上海阿姨和她的朋友們在心血來潮時喜歡買彩票自娛，特別是有特殊事件發生時，更會觸發她靈機一動的感應，而找出與該事件相關的數字來下注。有一次我遺失了一袋上街買的小東西，她在臨去時忽然轉頭問我花了多少錢買的，隔天才知道她把這數字給拿去下了注！如此敏捷的舉一反三，真讓我感佩她內心裡是否已達到"我心中有汝，汝無處不在"的神化境界了。

這裡稱玩彩票的人為"彩民"。各地已有許多為服務這些廣大彩民們所發行的平面刊物，電視台也有像"專家論彩"、"天天彩經"等節目陸續開播……啊！大陸的彩票文化已發展到有專家、講師與收藏家的地步了。這讓我不自主地打了個寒顫，因為我彷彿在台灣的股市頻道旁，隱約看到一個新的頻道即將誕生。

報導中，大陸人的迷彩"瘋"比起台北人脫序的彩券"熱"不遑多讓。這些由"一張印滿數字的小紙頭"所引起的各式愛恨情仇悲歡喜樂劇不得不讓人懷疑："彩券"，其實是上天用來試煉人性和娛樂祂自己的發明。

↓

投注單。

上海莘庄地區的彩票販售亭，內部配備現代新穎，並有專人服務。

樂透彩

各種名目的刮刮樂。

台北街頭的專賣店。

電腦彩券

在眾人千呼萬喚聲中，備受矚目的公益彩券遊戲2001年1月終於在台灣登陸了。

不似對面的彩票系統這麼龐雜，目前台灣檯面上的彩券遊戲主要有三種：樂透彩（電腦型）、對對樂（傳統型）與吉時樂（立即型）。

關於樂透彩，我覺得它是繼葡式蛋塔與紅標米酒之後，另一項讓台灣人最有耐心排隊購買的全民化商品了。

從一月十六日正式開賣以來，這些彩券已經帶給人們太多不知如何形容的快樂與不知如何招架的衝擊。為了求明牌，有人問神桌、有人問小鳥，還有人問羅盤……聽說對面狂熱的彩民一族也有類似「千人拜古墓」、「童子手買票」等玩彩花招，大家如此的慎重其事，為的只是想知道該選擇哪些數字來承擔這麼偉大的任務啊。

人性真是很奇怪中獎前想中獎，中了獎又很怕別人知道自己中獎。難怪哲人蕭伯納說：「生命中有兩種悲劇。其一是不能達到心頭的慾望。另一是達到它。」所以，損龜的人千萬別傷心，懷抱一個可能實現的希望比起那些已擁有一切而對生活不再有任何想望的人是幸福多了。

[附註]

關於樂透彩的一些事：

• 每注新台幣50元的投注金（大約可以在上海玩四次）。

• 42選6 的遊戲規則有524萬分之一的中頭獎機率（似乎比在上海更難一些）。

• 第二期「累積獎金」三億台幣四個人分，每人平均分得新台幣七千五百萬。
　（對面的獎額上限是五百萬人民幣，相當於台幣兩千一百萬……）

• 每週二、五晚間八時三十分開獎。（從此爸爸開始回家吃晚飯，還要看電視）

涼鞋裡的襪子

公車裡瞥見一雙雙美腿一字排開，機不可失

在上海常看到女子在涼鞋裡加穿一雙短絲襪。
每每發現這款在中國普遍而尋常的"造型"，我就
會忍不住站在原地多看幾眼，有時甚至出了神。很
納悶既然是"涼鞋"，為何又要穿一雙襪子？我和
其他台灣女孩都有同樣疑惑。討論的結果是，我們
的見識太淺了，應該開放心胸接受另一種邏輯的審
美觀。

有機會和一位在上海從事服裝業的台灣女孩聊起，
她倒是提供了另一種解答，她說自己也曾問過工廠
裡打工的女孩，女孩說有些鞋子因為製作品質粗
糙，穿了磨腳很痛，所以才要加穿一雙襪子。如此

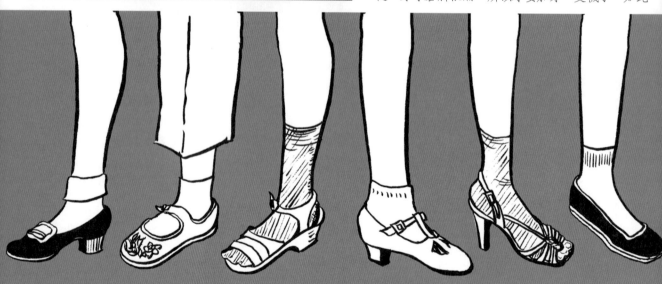

聽來確實合理。

據我們觀察，一般年輕的上海女孩很少有此類穿
法，通常是她們嘴裡的"鄉下人"或"外地人"仍
時興或不以為意。

這件事又讓我想到兩點：

1. 台北應該買不到還會如此折磨人的鞋了吧？！
2. 原來對面的女性朋友把短絲襪當OK繃和撒隆巴斯
來用？（台商請注意！）

年輕媽媽帶小朋友上街，仍不忘打扮得美美的。

挽面 （挽救面子）

在台北，因為「復古」的流行概念，很多逐漸消失的行業或習慣因為這種熱潮的帶動而又再度受人青睞。比如古老的美容方法──「挽面」。

「挽面」，是一種利用紗線來拔除臉上汗毛的美容方法。在廟口、公園或市場一角，偶爾可以瞥見親切的「婆婆媽媽」們坐在矮凳上，一邊「咬牙切齒」，一邊揮舞著手中的長線，認真地為坐在面前的客人們拉出一張張美麗的臉。

仔細觀察，她們先用兩手使線成交叉形狀，再用嘴巴咬住線的一端，緊貼在被絞臉的人臉上，手一鬆一緊，細線交叉處一絞一絞的，就很神奇地

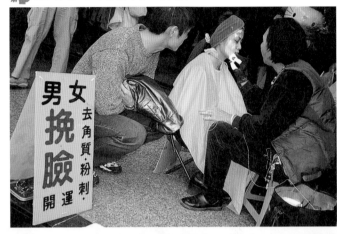
淡水街頭正在等待挽面的一對小情侶。

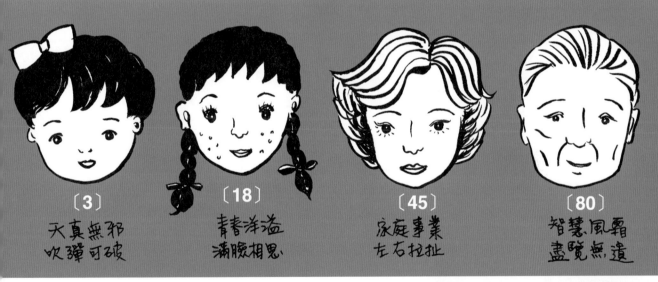

〔3〕
天真無邪
吹彈可破

〔18〕
青春洋溢
滿臉相思

〔45〕
家庭事業
左右拉扯

〔80〕
智慧風霜
盡覽無遺

把客人臉上的細毛拔掉啦！拔完之後的臉看起來乾淨明亮。難怪年輕女孩喜愛，連愛美的男孩(如圖所示)都忍不住要下海一試。

只消一根棉線、一盒白粉，十至二十分鐘內就可以挽出一張張秀麗的臉龐。每次的花費也不過一兩百元新台幣。這個因美容科技的不斷進步而逐漸式微的古老行業，正以另一種姿態在台北復活，上海女孩到台北玩，別忘也來試試蔡燕萍式美容護膚外的另一種時髦選擇。

P.S.古老的習俗說，待嫁姑娘婚前都會請人挽面，以便在結婚當天容易上妝，成為嬌豔動人的新娘。

正在挽面的是一名貌如F4的帥哥。

吐痰
TU TANG

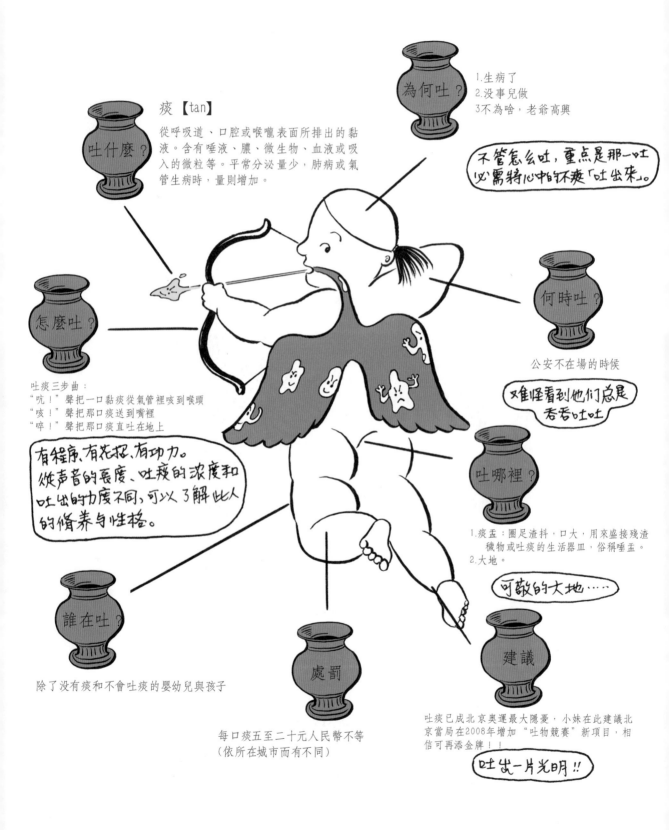

痰【tan】
從呼吸道、口腔或喉嚨表面所排出的黏液。含有唾液、膿、微生物、血液或吸入的微粒等。平常分泌量少，肺病或氣管生病時，量則增加。

吐什麼？

為何吐？
1.生病了
2.没事兒做
3不為啥，老爺高興

不管怎么吐，重点是那一吐必需特心中的不爽「吐出來」。

何時吐？

公安不在場的時候

難怪看到他们总是吞吞吐吐

怎麼吐？

吐痰三步曲：
"吭！"聲把一口黏痰從氣管裡咳到喉頭
"咳！"聲把那口痰送到嘴裡
"啐！"聲把那口痰直吐在地上

有程序，有花招，有功力。
從声音的長度、吐痰的浓度和吐出的力度不同，可以了解此人的修养与性格。

吐哪裡？

1.痰盂：圈足渣抖，口大，用來盛接殘渣穢物或吐痰的生活器皿，俗稱唾盂。
2.大地。

可敬的大地……

誰在吐？

除了没有痰和不會吐痰的嬰幼兒與孩子

處罰

每口痰五至二十元人民幣不等
（依所在城市而有不同）

建議

吐痰已成北京奧運最大隱憂，小妹在此建議北京當局在2008年增加 "吐物競賽" 新項目，相信可再添金牌！！

吐出一片光明！！

為何吐
？

1. 提神、解饞、交際……
2. 對某些人而言，檳榔代表「豪邁、親切、打拼與樸拙」的鄉土文化形象。

蓋漂撇喔！

吐什麼
？

檳榔汁【ㄅㄧㄣ ㄌㄤˊ ㄓ】

常綠喬木，味澀可食。俗稱「菁仔」。檳榔的食用常與荖葉、石灰、阿先藥或菸草混合。有中國的口香糖之稱。檳榔汁色深紅，故有「紅水滿口」及「唾如濃血」的說法。

又簡稱吐血。

何時吐
？

警察不在場的時候

還有女朋友不在的時候。

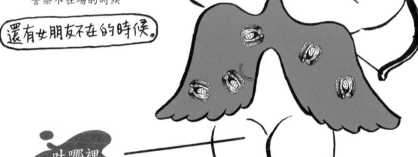

怎麼吐
？

咀嚼 → 吐 → 咀嚼 → 吐 → 咀嚼 → 吐

厲害的還可以邊咀嚼邊說

吐哪裡
？

1. 小鐵罐兒
2. 大地

誰在吐
？

吃檳榔的紅唇族。

處罰

在公共場所嚼食檳榔，處新台幣1200~3000元罰鍰

禍從口出。

建議

政府可興建「檳榔藝術牆」，嚼食者可在該社區提供之牆面盡情「噴吐」，發展台灣特有的檳榔潑墨藝術。

比賽時可請檳榔西施代表團進場加油！

1 元可以吃一根冰棒或上一次公廁

2 元可以買中獎金額高達500萬人民幣的福利彩票一張

5 元可以喝到濃度百分百的光明純白酸奶

10 元可以選擇搭一趟出租車或到美術館遇美麗一個早上

20 元可以在書城裡買到一本架上的暢銷書

50 元可以買到養顏保健品雲寵盤排毒膠囊一盒

100 元可以在商場裡買一個足以裝滿兩個月戰利品的大號行李箱

中華人民銀行

領袖浮雕群像

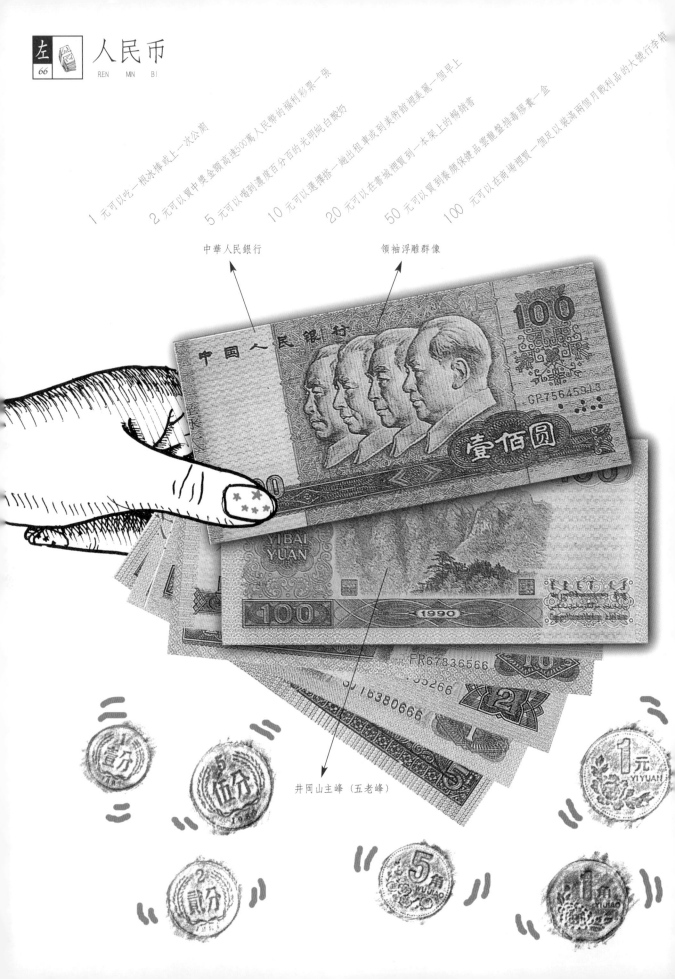

井岡山主峰（五老峰）

1000 元是在台北的提款機裡領錢的基本單位

500 元可以去聽一場歌手伍佰的演唱會

100 元可以在打折的美容院裡洗一次頭

50 元可以吃一碗西門町的阿忠麵線

20 元可以從捷運景美站坐到台電大樓站

10 元可以吃到參務理的蛋捲冰淇淋

1 元可以打公共電話給隨便一個人

盲人點

折光變色窗式安全線

中央銀行

國父坐像

中山樓

梅花

5

上海的電腦看板越來越多了，
在人民廣場旁的一個巨型看板應該是地位最爲險要的。
路過幾次，它顯示的總是高高低低的股票走勢，
可見“玩股票”這件事對上海人的份量……

景觀與設施

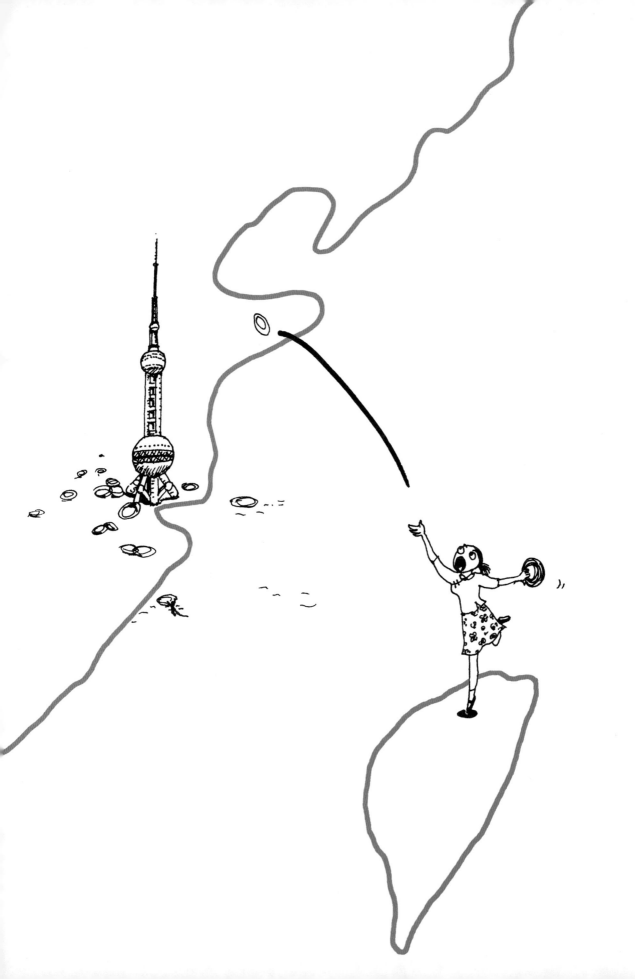

上海市人民政府

在広场中心的大型喷水池,在夏天是消暑的活水泉源。

本地人,外地人。人民広场吸引各地慕名而來的游客。

上海市的市標是以白玉蘭、 沙船和螺旋槳三者組成的三角形圖案,它是在1990年經上海市人民代表大會常務委員會審議通過的。圖案的中心沙船,是上海港最古老的船舶,象徵上海是一座歷史悠久的港口城市。三角形的輪船螺旋槳,象徵上海正乘風破浪飛速前進⋯⋯⋯⋯
市花白玉蘭,象徵上海如早春盛開的花朵朝氣蓬勃的前進。

这是上海市政府说的

台北市政府

凱悅大飯店

世界貿易中心

凍蒜!!

HAPPY NEW YEAR!!

充滿兒時回憶的國父紀念館廣場。

適合打太極，練啦啦隊，溜直排輪鞋，開大型晚會及抗議活動的好場地。

希望的城市　快樂的市民
台北市的市徽有下列四種意義指標：
1.市民主義——市民參與的城市　　　2.新座標城市——強化國際競爭力
3.成長管理、多核心發展——建造一永續發展的城市　　4.新市府運動——廉潔、效率、便民

TAIPEI

還是台北市政府說的。

淮海公园管理规定

淮海公园(包括前庭广场)是游人休息娱乐的场所,精神文明建设的窗口,为保证公园广场的优美环境,维护正常的游览秩序,根据上海市公园管理规定和治安管理条例,特作如下规定:

一、游览人员应发扬社会主义道德风尚,文明游览.

二、爱护绿化,不攀折、踩踏、刻划树木,采摘花卉和进入花树坛.

三、爱护公共财物,不损坏栏杆,凳椅,灯等广场设施和建筑物.

四、遵守"七不"规范,讲究公共卫生.

五、遵守公共秩序,不在公园广场内吵架、斗殴,未经允许不得举办集会、聚众说唱等活动.

六、遵守公共安全,公园广场上禁止各种球类和其他妨碍安全的活动,不攀越栏杆,不准进入喷水池玩耍,各种车辆(除手摇残疾人车和童车外)未经允许不得进入公园广场.

七、讲究文明,衣冠整齐,不在石凳和矮墙上躺卧睡觉,妨碍他人游憩,不准在公园广场内露宿过夜.

八、公园广场内不得乱设摊点.

九、本规定自一九九七年七月一日起执行.

上海市卢湾区园林管理处
一九九七年六月二十八日

告示地點：上海淮海路公園入口處

名詞解釋 1.【社會主義】：個人一切行動皆以公共為目的、以社會為本位的主義。即主張生產和經濟勞務的物質、工具為公有的哲學或社會體制。（來自台北的我,不知道社會主義道德風尚該如何發揚？）

2.【文明遊覽】：文明指的是人類社會進步開化的狀態。文明遊覽應該是說不能在遊覽時作出野蠻、原始的行為。這個字彙在上海每天至少都要聽和看到十次。

3.【鬥殿】：打鬥、打架、相打。鬥殿在上海和台北是都不允許的。

4.【聚眾說唱】：聚集眾人又說又唱。反正不管唱得是否比說得好聽,就是不能很多人圍在一起。

公園管理辦法
Park Management Rule

依「臺北市公園管理辦法」第十三條公園內不得有下列行為：

1. 販賣物品或出租兒童遊樂器具。
2. 赤身露體、隨地便溺或其他不檢行為。
3. 隨地棄果皮、紙屑、其他廢棄物或傾倒廢土。
4. 在水池內游泳、沐浴、洗滌、捕魚。
5. 曝晒衣物或其他物品。
6. 鬥毆滋事，妨害公共秩序。
7. 喧鬧或製造噪音，妨害公共安寧。
8. 有妨害風化及賭博之行為。
9. 攀折花木、損壞草坪或公園之設施。
10. 攜帶危險物品。
11. 攜帶牲畜。
12. 在公園設施上書刻或張貼。
13. 未經許可而駕車或違規停放車輛。
14. 不依規定使用遊樂設施足生安全之虞。
15. 逾規定時間仍逗留於園內。
16. 其他經主管機關禁止或限制事項。

本處服務電話：(02)27003830　謝謝您協助

臺北市政府工務局公園路燈工程管理處　製

告示地點：台北大安森林公園入口處

名詞解釋　　1.【不檢行為】：不節制、收斂自己的行為。（在台北如果行為不檢，要當心被人偷拍。）
　　　　　　2.【傾倒廢土】：傾倒荒廢無用的土。（如果要在公園裡傾倒廢土，必須要把它塑成藝術品，才不會被發現。）
　　　　　　3.【妨害風化】：違反社會善良的風俗。（公園裡，除了小貓小狗，誰都不能妨害風化。）
　　　　　　4.【賭博】：以金錢作注來討勝負的遊戲。（台北的賭博文化沒有上海來的日常與開放。）

打电话
DA DIAN HUA

福州路的人工電話亭。
上海很多煙雜店、便利
商店裡也有電話打。

上海街頭最常見的電
話亭，黃得很醒目。

弄堂口及小區多半有像這樣
的設置，非常具有人情味。

IP、IC、如意通、神州
行…令人頭昏腦脹的電
話卡。

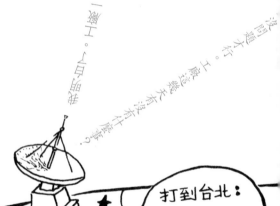

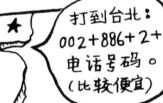

福卅。

打到台北：
002＋886＋2＋
电话号码。
（比较便宜）

○広卅

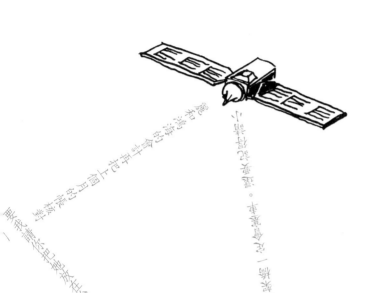

IC卡電話（每張200元），
一般卡式電話（每張100元）。

數量日趨減少的投
幣式電話，1元、5
元或10元硬幣皆可
用。

我明晚八點飛機到上海。

台北與上海人現在大
多使用一種電話，那
就是——手機。

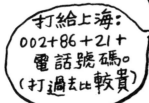

打給上海：
002＋86＋21＋
電話號碼。
（打過去比較貴）

郵筒

◀上海莘庄的郵局

捣漿糊

201100
上海市闵行区莘庄镇
莘松六村18号306室
陳丽寄

【郵筒上的字】

左右：郵政編碼
201100（莘庄）
前後：印刷品郵件請到
郵局營業所窗口交寄

【收信時間】
09：06
13：36
17：06

（平均3～4小時收1次）

航　空
PAR AVION

台北木柵的郵局▶

來不及了！

8'

2002.
30
623（支）

黃祖旻 先生 收
台北市116文山區木柵路三段85號
台灣省

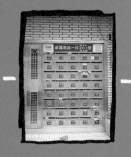

150 仁愛路三段146
3rd Blvd.
148

【郵筒上的字】

左：請用標準信封、請寫郵遞區
　　號。

右：信封請密封、勿用訂書機、
　　郵票請正貼。

後：台灣地區郵遞區號一覽表。

【收信時間】

（綠筒）　　　　　（紅筒）

14：56～14：59　09：56～09：59

19：56～19：59　14：56～14：59

　　　　　　　　19：56～19：59

垃圾桶
LA JI TONG

人民廣場　　文廟附近　　莘庄　　　莘庄　　　福州路　　　淮海路

【垃圾分類】將垃圾丟置時，做不同性質的分類處理方式，如分成可燃燒，不可燃燒；或金屬、塑膠、紙、木石雜物等，有助於資源回收，是一種進步的環保觀念。上海的垃圾分類可分為下列三種（如圖）：1.濕垃圾（有機垃圾）。　2.乾垃圾（無機垃圾）。　3.有害垃圾。

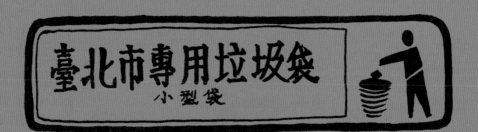

垃圾少一點,資源多更多

垃圾車告示

到處

北平東路

西門町

新店

台大

台北的資源回收可粗分為下列數種:1.舊衣類 2.廢紙類 3.塑膠袋類 4.保麗龍類 5.一般類 6.四機一腦。因為資源分類回收的緣故,每天都要記得當天要丟那一種垃圾,頭很大。台北市有個「垃圾費隨袋徵收」政策,也就是裝垃圾的專用垃圾袋要花錢買。希望藉此達到垃圾減量的目的。

上海市近郊大觀園裡的廁所。"反正"都可以上。

與商販結合的公廁。喝玩了可以再上。

人民廣場旁的公廁,很像機艙。豪華版。

楊浦棚戶區的公共糞池。數十戶共用一間。

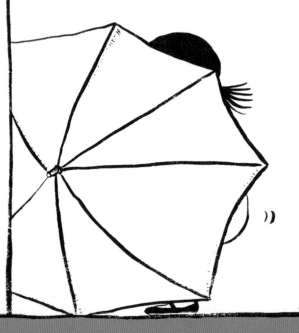

【上海的廁所】

格式

全門、無門、半門………
(不管哪一種門,都不太喜歡關門)

收費

1～2元RMB不等。部份郊區景點不收費。

音效

一進門就不曾停止的吆呼聲。不管哪一種聲音,很少有敲門聲。

視覺

在外面脱=在裏面脱,
在裡面穿=在外面穿。
所以發現不少造型奇特的內衣褲。

禮儀

不排隊而且很會插隊。
都市較佳。

戲劇性

★★★★★
什麼都可能發生。

HCG

【台北的廁所】

格式
蹲式、坐式………
（一定都有門）

收費
很少收費，大概因為台北
公廁少的可憐。

音效
只有潺潺的流水聲與撲通
通的落石聲。

視覺
乏善可陳。只有偶爾忘了
沖的什麼。

禮儀
有共識的排隊文化。

戲劇性
★★★★★
曾經有人忘了把剛生下的
嬰兒帶走

本女廁已加強人員
巡檢及防偷拍偵測，
請安心使用。

台北的公廁多半單
調、呆板。（大安森
林公園）

公廁常見的配備面紙
販賣機。

有演唱會等大型活動
才會出現的流動廁
所。（假日花市旁）

欢迎到上海來玩股票！

拍攝地點：人民廣場旁

電腦看板是一種以電腦控制顯示內容，以發光二極管（LED）組成的大型顯示幕，用來作廣告、宣傳、現場轉播等用途。上海的電腦看板越來越多了，在人民廣場旁的這個巨型看板應該是地位最為險要的一個。路過幾次，它顯示的總是這些高高低低的股票走勢，可見"玩股票"這件事對上海人的份量。

哇麥來去台北打拼，
聽人講啥米好康的都攏底彼！
朋友笑我係愛做暝夢的憨仔，
不管如何路係自己行。
喔………再會吧啊，
喔………啥米攏不驚！！！
（台語）

拍攝地點：新光三越站前廣場

在台北，有人群的地方就有電腦看板。最常見到的看板內容有：即時新聞、天氣預報、紫外線指數、外匯匯率表、股市行情與公司廣告等商業資訊，偶爾還有「台灣俚語」和「美語教室」等語言教學穿插其間。競選時期這些看板是各政黨候選人的兵家之地，極盡感官的畫面效果讓行經的路人無從抗拒。

金茂大廈
JIN Miao DA XIA

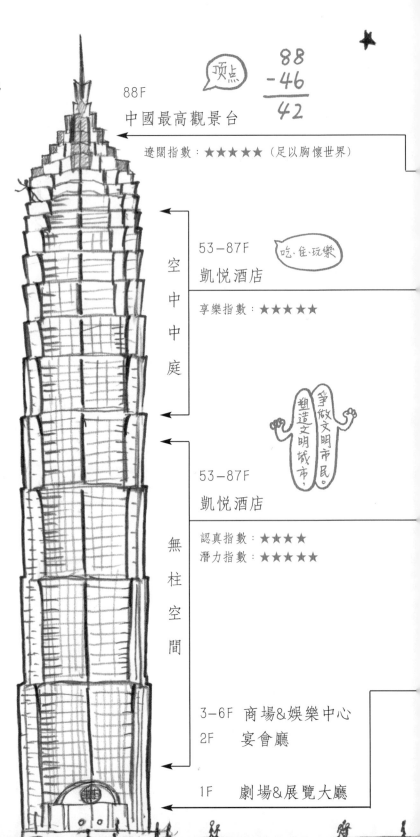

頂点 88
−46
42

88F
中國最高觀景台

遼闊指數：★★★★★（足以胸懷世界）

53−87F
凱悦酒店

吃·住·玩樂

享樂指數：★★★★★

空中中庭

53−87F
凱悦酒店

爭做文明市民，塑造文明城市。

認真指數：★★★★
潛力指數：★★★★★

無柱空間

3−6F 商場&娛樂中心
2F　　宴會廳

1F　　劇場&展覽大廳

金茂大廈

高度：420.5 米（註1）
樓層：地上/88層 地下/3層
電梯數：79（一説61） 座
建造日：1994/05/18
啟用日：1997/08/28
施工期：3年3個月
配合酒店：凱悦飯店（53～87）
電梯速度：9 m/sec
由底層到樓頂時間：45秒
地點：陸家嘴金融貿易區
建築師：Skidmore、Owings&Merrill（美）

註1：金茂大廈的高度僅次於馬來西亞吉隆坡的雙塔大廈（452m）和美國芝加哥西爾斯大廈（443m），是目前中國
　　 第一，世界第三高樓。

註2：中國人果真是偏愛數字8的民族。不僅樓層88，外型設計用8為底數；連動工以及完工日期，都要選在有8的
　　 日子。聽説「金茂」二字也是因「經貿」而來，照它目前的營運狀態來看，果真是發不完了！

46F
新光摩天展望台

遠闊指數：★★★（足以放眼台北）

44,45F
福華飯店

享樂指數：★★★

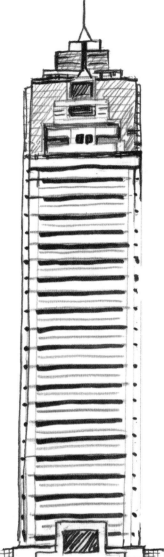

17-43F
辦公大樓

認真指數：★★★★
潛力指數：★★★

B2-13F
百貨公司
揮霍指數：★★★★★

新光站前廣場
人氣指數：★★★★★
★★★★★

新光三越大樓

高度：244.15米
樓層：地上/51層 地下/7層
建造日：1989/03
啟用日：1993/12
施工期：4年10個月
電梯數：25 座
電梯速度：9 m/sec
配合酒店：福華飯店（44~45）
由底層到樓頂時間：30秒
地點：台北火車站前
建築師：郭茂林（旅日）

6

石庫門建築的間隙，有一條條的通道，這便是上海所謂的弄堂。
雖然都是"弄"，這裡弄得可比台北弄得要精采多了。
舉凡上海人的吃飯、洗衣、揀菜、倒馬桶等，
日常生活之事都是在弄堂中"光天化日"之下進行……

生活環境

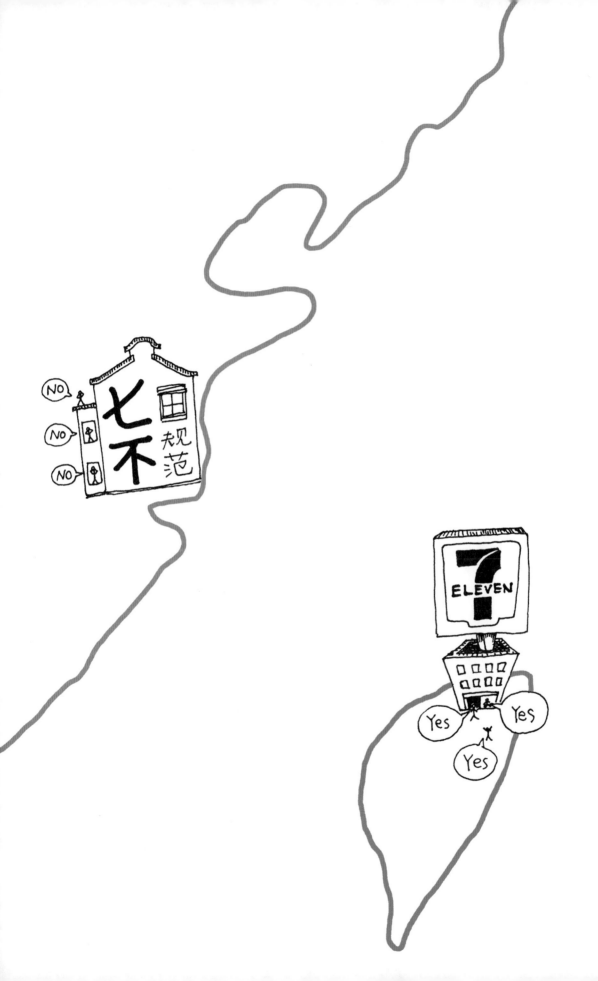

石庫門是上海的舊式里弄民居，也是孕育上海市
民文化風情的主要發源地，雖然各種新式小區不斷地規
劃興建，但它至今仍是大家眼中最具代表性的居住形式。石庫
門建築的間隙之間，有一條條的通道，這便是上海所謂的弄堂。雖然
都是"弄"，這裡弄得可比台北弄得要精采多了。舉凡上海人的吃飯、洗
衣、揀菜、倒馬桶等日常生活之事都是在弄堂中"光天化日"之下進行的，男人打
赤膊、打牌、看報；女人配著芭蕉扇或話家常或做女紅；小孩們嬉戲玩耍；修鞋的師
傅認真地做活……感覺就像一場永不斷炊的野營活動，充滿生氣。上海人善於交際、富開
拓冒險的精神應該就是在這種氣氛下薰陶出來的吧？如此公開化的生活方式，應該不會有台北
可惡的"公寓之狼"出沒才是。

財

停車
請勿

台北
沒有復古
的花園洋房也沒
有石庫門。我們有的
最多的是灰灰的公寓。雖然
每一座都是這麼方正、呆板而規
矩，但全部加起來卻又呈現出一種詭
異。小時後最常鬼混的騎樓和麵線場，已經
不能再玩「過五關」和「紅綠燈」的遊戲。只得留
在家裡面對偶像劇和電視機，找樂趣。

黑板文化

原來黑板的用途不只是在課堂上的傳道授業解惑。

在上海,或許是因為操作的便利使然,它還被充分應用在各種生活訊息的告知上。從弄堂口的傳染病防治須知、店頭小舖的商品販售項目、社區活動公告以至於黨的精神談話,其內容五花八門無所不包;其做法時而豪放時而細緻,不時讓人有為之驚艷之感!連隨便一個居委會裡的公佈欄都可見其製作的用心,讓人也想拿起筆隨時參上一腳。最經典的一次發現是在長樂路上一家銀行的長廊裡頭,不僅圖文並茂,"作者"更是將粉筆的運用發揮得淋漓盡致到讓人頭皮發麻。像這樣的美術高手隱藏在這座大都市裡的應該有不少吧!

"居委會"是居住委員會的簡稱,其地位應該就等同於台北的鄰里長辦公室吧!

上海莘庄小區裡的公告欄。

又是三個代表重要思想!

磁磚貼成的文字牆。

我很納悶为何不会有人来"脩改"它们。

这是上海街头特有的文字涂鸦作品。挺行的吧!

所有告示最經典的一款。

把教室搬到戶外來了。

鄰里公佈欄

咱們台北的公佈欄多數出現在公家單位或是公園一旁，長相就如同照片裡一般。告示的內容以各種新法令的頒布以及各類社區藝文活動為主，公告的形式則多是海報印刷品和蓋了戳記的白紙黑字。這些紙張被安全的保護在透明玻璃窗內靜待世人走近，符合整齊清潔簡單樸素迅速確實的各項標準，只不過少了點人味與趣味。

鄰里組織是台北市政的基本單位（市＞區＞里＞鄰）

羅森	聯華
微波爐服務	微波爐服務
零售報紙雜誌	報刊雜誌
	回收舊電池
開水服務	提供熱水
	方便就餐
	出租雨傘
代收電訊費	代收電訊費
	即食食品
	急用小藥品
	網上購物
提供複印服務	
零售酒類	
代售足球聯賽球票	
代售福利彩票	
提供公共電話服務	

此比乃上海专属的
特色服務。

| 24小時營業 | 依地點而有不同 |
| | 一般在PM9〜10 |

7-11

全家

✓
✓

✓
✓

回收舊電池
提供熱水

回收廢容器
提供熱水

台北的雨傘是用賣的

水費、電費、瓦斯費、
通訊費、停車費等
各種日常生活費用。

繳費便（不只電訊費）

繳費便利通

✓

✓

網路購物便
影印便

網路便利通
影印便

宅急便
Duskin拖把抹布換新
傳真便
預購便
國際包裹文件快遞
統一型錄

台灣宅配通
維修便利通

包裹文件便利通
代收台北市交通罰單
ATM銀行提款機
國際快遞

各種因應懶惰而忙碌
的現代人所發展出來
的新式服務項目。

24小時營業

24小時營業

7

人在大陸，你的口音忽然變得重要。
在台灣從來沒思考過該如何說話的我，
在上海和人交談時會下意識地調整自己的語言使用和腔調。
不是故意，只因是上海人的身份實在複雜，精明的上海人就由此來判定「你是誰」，
進而決定用什麼態度來與你周旋……

語文

拼音法

剛到上海接手姐夫家裡的電腦時，因為系統的差異，著時被毫無概念的大陸"標準拼音法"給徹底打敗了！所謂的"標準拼音法"就是以英文拼音取代注音符號的一種電腦輸入法。比如注音是【ㄉㄚˋ、ㄐㄧㄚ】的"大家"，拼音法則是【DA—JIA】。一般的情況下，ㄇ=M、ㄍ=G的轉換都很好理解，但也有一些讓人丈二金剛摸不著頭腦的連結，比如ㄑ與Q、ㄒ與X之類的。至於字尾什麼時候要加G，什麼時候要用Z或ZH（捲不捲舌）也是在反覆的敲擊練習之後才慢慢抓到的竅門，這大概是在上海期間，我的普通話為什麼會更標準也更懂得捲舌。我並因此而發現了京片子之所以成為京片子的秘密。

剛開始的時候，一篇文章打下來頭髮也被拔掉許多，然而在與拼音法對峙兩個月後，我已能流暢且不皺眉的打出一篇文章了（還被前來家中修電腦的上海技術師稱讚，哈哈！）我想這就是置之於死地而後生的的結果吧！當你別無選擇時，你就得乖乖把一件事做好。
這件事給我兩點啟發：
1.我很好奇，如果那位上海技術師和我同一時間學咱們的"注音輸入法"，不知誰會比較快？
2.如果我漂流到一個無人荒島，是否也會因此而成為島上那唯一能幫土人捕魚劈材的好妻子？

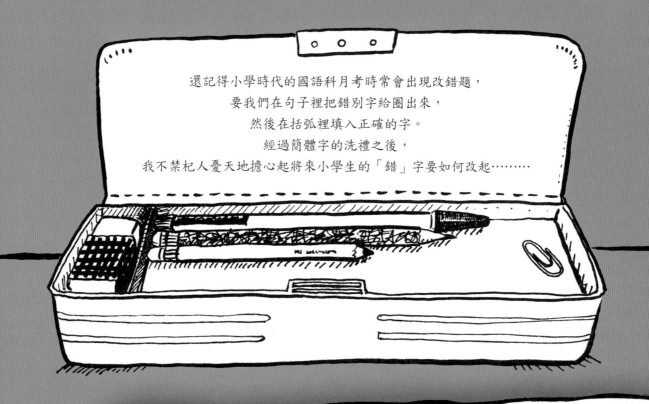

還記得小學時代的國語科月考時常會出現改錯題，
要我們在句子裡把錯別字給圈出來，
然後在括弧裡填入正確的字。
經過簡體字的洗禮之後，
我不禁杞人憂天地擔心起將來小學生的「錯」字要如何改起………

台北市立大塊國民小學九十五學年度下學期

班別：＿＿＿年＿＿＿班　座號＿＿＿

壹、挑錯（請把句子裡的錯字挑出來）

1.（　）對面老王家賣的牛肉面很好吃。

2.（　）每天到外灘觀光的游客很多。

3.（　）坐在汽車前座必須系上安全帶。

4.（　）師長常勸我們做事不要太冲動。

5.（　）皇后的后面睡著白雪公主。

有些字
「剪」到連我自己都不認得……

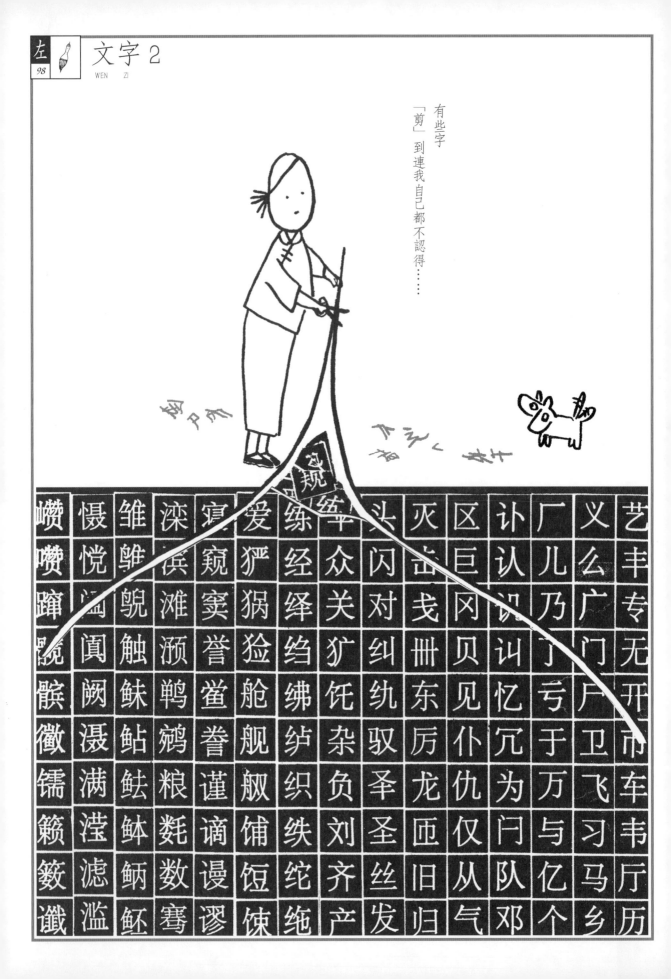

有些字
筆劃確實挺多的……

嶺	懾	雛	灤	寢	愛	練	傘	頭	滅	區	訃	廠	義	藝
噴	懺	鶵	濱	窺	獵	經	衆	閃	擊	鉅	認	兒	麼	豐
躓	闍	鮑	灘	寶	猧	繹	關	對	戔	岡	譏	硒	廣	專
髖	闌	觸	瀨	譽	獫	繱	獷	糾	四	貝	訌	曍	門	無
髕	闕	鮇	鶤	鸞	艙	紼	飥	糼	束	見	憶	虧	屍	開
徽	瀟	鮎	鵃	膽	艦	纑	雜	馱	屬	僕	宂	於	衛	幣
鑐	滿	鮭	糧	謹	艪	織	負	罜	龍	雦	爲	萬	飛	車
籍	瀅	鮇	甋	謫	鋪	紩	劉	聖	帀	僅	門	與	習	韋
籔	濾	鮋	數	謾	餿	紽	齊	絲	舊	從	隊	億	馬	廬
讖	濫	魟	騫	謬	餗	絪	産	發	歸	氣	鄧	個	鄉	歷

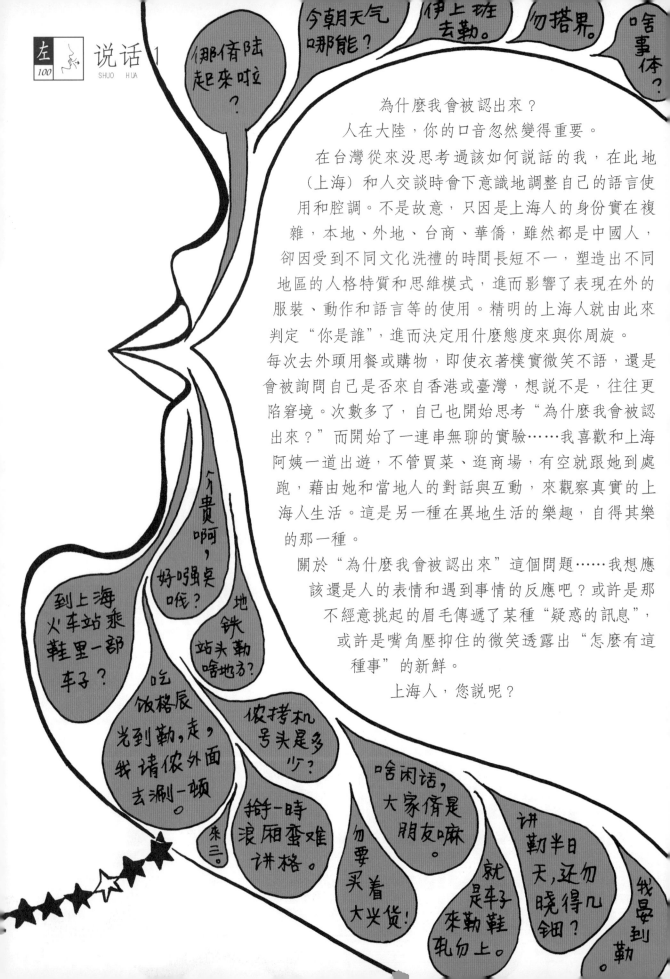

為什麼我會被認出來？

人在大陸，你的口音忽然變得重要。

在台灣從來沒思考過該如何說話的我，在此地（上海）和人交談時會下意識地調整自己的語言使用和腔調。不是故意，只因是上海人的身份實在複雜，本地、外地、台商、華僑，雖然都是中國人，卻因受到不同文化洗禮的時間長短不一，塑造出不同地區的人格特質和思維模式，進而影響了表現在外的服裝、動作和語言等的使用。精明的上海人就由此來判定"你是誰"，進而決定用什麼態度來與你周旋。

每次去外頭用餐或購物，即使衣著樸實微笑不語，還是會被詢問自己是否來自香港或臺灣，想說不是，往往更陷窘境。次數多了，自己也開始思考"為什麼我會被認出來？"而開始了一連串無聊的實驗……我喜歡和上海阿姨一道出遊，不管買菜、逛商場，有空就跟她到處跑，藉由她和當地人的對話與互動，來觀察真實的上海人生活。這是另一種在異地生活的樂趣，自得其樂的那一種。

關於"為什麼我會被認出來"這個問題……我想應該還是人的表情和遇到事情的反應吧？或許是那不經意挑起的眉毛傳遞了某種"疑惑的訊息"，或許是嘴角壓抑住的微笑透露出"怎麼有這種事"的新鮮。

上海人，您說呢？

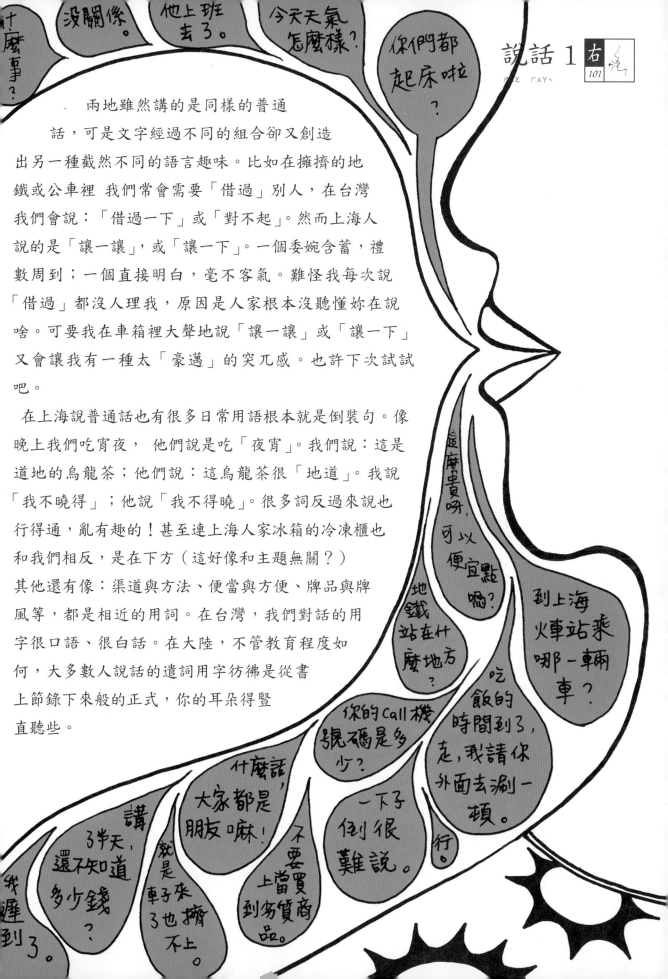

兩地雖然講的是同樣的普通話，可是文字經過不同的組合卻又創造出另一種截然不同的語言趣味。比如在擁擠的地鐵或公車裡 我們常會需要「借過」別人，在台灣我們會說：「借過一下」或「對不起」。然而上海人說的是「讓一讓」，或「讓一下」。一個委婉含蓄，禮數周到；一個直接明白，毫不客氣。難怪我每次說「借過」都沒人理我，原因是人家根本沒聽懂妳在說啥。可要我在車箱裡大聲地說「讓一讓」或「讓一下」又會讓我有一種太「豪邁」的突兀感。也許下次試試吧。

在上海說普通話也有很多日常用語根本就是倒裝句。像晚上我們吃宵夜， 他們說是吃「夜宵」。我們說：這是道地的烏龍茶；他們說：這烏龍茶很「地道」。我說「我不曉得」；他說「我不得曉」。很多詞反過來說也行得通，亂有趣的！甚至連上海人家冰箱的冷凍櫃也和我們相反，是在下方（這好像和主題無關？）其他還有像：渠道與方法、便當與方便、牌品與牌風等，都是相近的用詞。在台灣，我們對話的用字很口語、很白話。在大陸，不管教育程度如何，大多數人說話的遣詞用字彷彿是從書上節錄下來般的正式，你的耳朵得豎直聽些。

普通話	上海話
自己	自己
媽媽	姆媽
事情	事体
下雨	落雨
胡說亂來	搗漿糊
不一樣	兩樣
英俊	介贊
便宜	強（便宜）
一點兒	一眼眼
中午	中浪廂
不知道	勿曉得
最	頂
回去	轉去勒
跑	奔
熱鬧	鬧猛
你吃飽了嗎？	儂飯吃了伐？

台語	客家話
家己	自家
阿母	阿妹
代誌	事情
落雨	落水
烏魯木齊	沙鼻
無同款	無共樣
緣投	瀟灑
俗	便宜
淡薄仔	一屑屑
中晝	當晝
母知影	母知
上蓋	替
轉(來)去	轉去
走	走
鬧熱	鬧熱
恁甲飽未？	汝食飽莽？

8

上海只要有小吃的地方，幾乎都可以看到烤肉串的身影。
從各大觀光景點到小公園入口處常是一排排的烤肉攤，賣現烤的羊肉與牛肉串。
一串只賣一塊錢，配著各式的辣椒及香料，香味兒撲鼻。
這裡的人"使用量"很大，
有人可以一口氣買上十多支拿在手上邊逛就邊解纏，
有的人甚至一次能吃幾十串，排滿肉串的架面似乎總應付不完凶猛的來客……

飲食

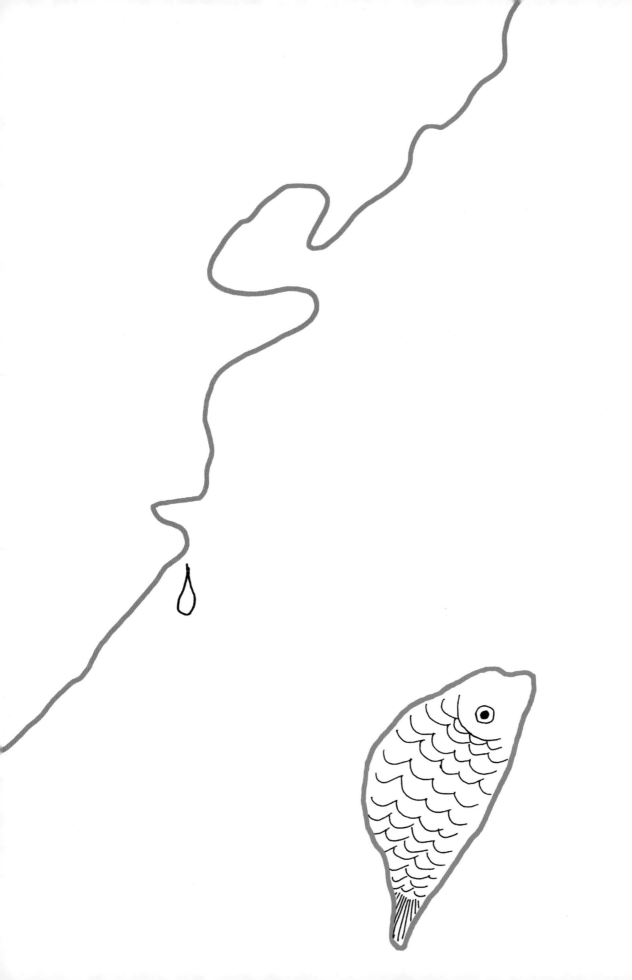

南翔小笼

NAN XIANG XIAO LONG

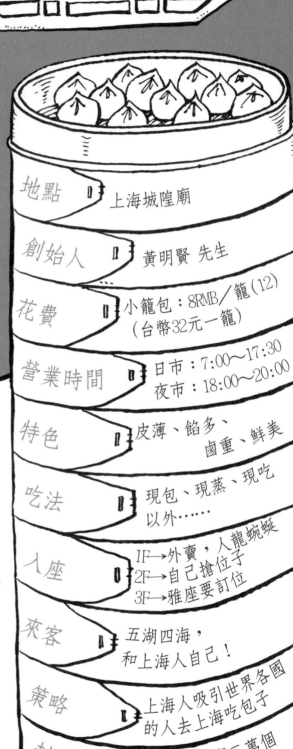

地點	上海城隍廟
創始人	黃明賢 先生
花費	小籠包：8RMB／籠(12)（台幣32元一籠）
營業時間	日市：7:00～17:30 夜市：18:00～20:00
特色	皮薄、餡多、鹵重、鮮美
吃法	現包、現蒸、現吃 以外……
入座	1F→外賣，人龍蜿蜒 2F→自己搶位子 3F→雅座要訂位
來客	五湖四海，和上海人自己！
策略	上海人吸引世界各國的人去上海吃包子
封神榜	一天可賣三萬個小籠……
評比 ★★★★★	風味小吃，價廉物美。

另一种包

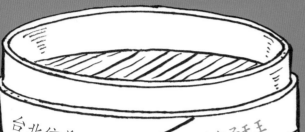

台北信義路　　　　　　兩大包子天王

楊秉彝　先生　　　　美味與品質的堅持者！

小籠包：170/籠　　　1.上海吃得飽，台北吃的巧
湯包：290/籠　　　　2.上海三餐吃，台北請客吃

星期一～五：AM10~2,4:30~8:30
星期六、日：AM9~2,4:30~8:30

湯鮮、味美　　　　　　一定得強調這些…
　　皮薄、餡多

鎮江醋不可少

客人領號碼牌依序入座　　　想吃一定得排隊！
（電腦化管理）

五湖四海，其中以日本人最瘋迷

台北人則把包子賣到世界各地去
（台北2家，日本5家，上海、香港、美國各一家）

名列《紐約時報》　　　　叫我第一名！
全球十大餐廳之一

頂極享受，　　　　　★★★★★
淺嚐即止。

文庄附近小區里的烤肉攤

城隍莊裡專賣給觀光客的攤

孜然香粉

烤肉串

上海只要有小吃的地方，幾乎都可以看到烤肉串的身影。

從各大觀光景點到小公園入口處常是一排排的烤肉攤，賣現烤的羊肉與牛肉串。一串只賣一塊錢，配著各式的辣椒及香料，香味兒撲鼻，令人垂涎欲滴。這裡的人"使用量"很大，有人可以一口氣買上十多支拿在手上邊逛就邊解饞，有的人甚至一次能吃幾十串，排滿肉串的架面似乎總應付不完凶猛的來客。當地人吃肉串的姿態很豪邁，一咬就是一大口，吃完再就另一串。也許這才是吃肉串的標準方法與態度。這麼看來，台北的姑娘可能還是適合用牙籤戳鹹酥雞吃吧！

烤肉串在火爐上不停地翻動，肉串的油滴到了碳火上，會發出滋滋滋的聲響，風一吹，香味和著煙可以飄到很遠的地方。雖然只在一旁觀看，也是一種享受。

我不太吃肉（特別又在外地），只在城隍廟買過一串嚐鮮。也許是為了迎合各地觀光客的口味，這一串並沒有吃到我想像中的"大西北風味"倒是攤主看來具有異國風情的臉龐給他的產品加了分，許多好奇的食客可能因此而來也說不定。

提到異國風味，在上海吃炭烤肉串，上面會撒一種叫"香料"的粉，這種顏色就像秋香綠的粉末，味道特殊濃郁，很是特別。有的人受不了，我卻特別托上海阿姨幫我帶了一包回台灣。

心得：
沒有大堆頭的文宣花招和商業運作，對他們而言，工作就是生活罷了。
沒有多餘的非份之想，有的只是一種在大城市裡艱難謀生的低調與自得。不管一天能賣幾串，不管騰昇的煙霧多麼燠熱刺眼，只要每天都有客人上門，就是一種成就……

烤香腸

各國都有風味殊異的
燒烤料理，其實台北也
有碳烤攤。此地串味之精彩
只可用眼花撩亂來形容。除了
蔥肉捲之外，一般的烤肉串在肉
和肉之間，還夾有胡蘿蔔、酸菜、
青椒等纖維質較高的蔬菜，一方面平
衡過多的油膩，一方面也藉著配色來提
高產品的「賣相」（瞧！我們多仔細）。
但是要提到具有代表性又可以和對面的烤
肉串相抗衡的小吃，小妹以為應當另推在台
北造成一股美食改革旋風的「烤香腸」才是！
滋吱吱的烤香腸算是台灣歷史悠久的小吃。傳統
的香腸攤大都是由老阿伯騎著掛滿一條條香腸的改
良式腳踏車，在固定的街口悠閒地一邊翻烤一邊等待
食客（或賭客）上門。窄小的車桌上通常會有兩只碗，
大碗是阿伯用來和買客做擲骰子「遊戲」用的，小碗裝的
蒜頭是給口味重的客人調味。不管這香腸是用買的或是擲骰
子贏來的，到香腸攤找阿伯買香腸，通常還帶有娛樂以及陪伴
阿伯閒聊的溫暖心情。

照片裡這種革新的烤香腸之所以造成話題的原因是經營者竟然把香腸當
作漢堡來用，中間切開後充填了各種令人意想不到的醬料（有哇沙米、九
層塔、蒜泥、沙茶、黑胡椒、香茶、檸檬、巧克力等二十多種變化），一時之
間，傳統的香腸配大蒜觀念完全被推翻。這種顛覆傳統的創意作法，成功地吸
引了喜歡嚐鮮、追求變化的台北人，不僅受到眾多媒體的爭相報導，也因此帶動了
傳統小吃的一連串改革行動。

後來，台北的小吃攤開始出現一些不成文的規定與做法，攤主們開始在攤子的明顯處標
貼各家電視或雜誌媒體所刊載的報導以做為宣傳和招攬顧客的噱頭，對許多只是好奇而
不求甚解的台北嚐鮮一族而言，它們代表的是一種品質的保證與流行的指標。所以，在
此敬告有心來台一展手藝的大陸師傅們，只要您掛上某某美食節目主持人的照片或寫上
某某雜誌、節目真情推薦等字樣，那你的攤子就成功了一半啦！（不過得要是台灣人知
道的媒體才行）

〔做法〕

1. 取一原味香腸
置於烤肉架上

2. 縱剖一刀

3. 沾醬
塗料
燒烤

二、三十種口味
任君選擇

4. 將美味夾住其間再如
漢堡般覆蓋回來……

5. 裝袋
手拿著吃

6. 啊……

鹹豆花

記得小時候一位擔著扁擔
賣傳統手工豆花的老阿伯
（又是阿伯），大概隔幾
天就會在我們家門前的
騎樓出現。依稀記得
他的整個擔架是竹製
的，一端藏的是熱著的豆
花，另一端則是糖水和配
料。一開鍋整團香氣撲鼻而
來，阿伯的豆花又滑又軟，盛
在他自己準備的古老瓷碗裡，灑
上特製的花生粉，吃起來既是小心
翼翼又快樂無比。

這次在上海楊浦區的一條小街上，我意外發現了
一攤讓我重溫昔日豆花情的"豆花攤與阿伯"組合。這位老伯賣的是台北少見的鹹豆花。隨行的上海表嫂老江湖似地一把拉著我
就在攤位上坐下，口裡則不停說著："這個好吃，這個好吃……"老伯看到我一副"異鄉人"模樣，當然也毫不客氣的自我宣傳
起來："這個好吃，這個好吃……"音調更是上揚。（阿伯即使老了，聲音仍然宏亮）

阿伯似乎有很多熟客，這些大叔、大嬸們看著我和老伯一搭一唱的，各個都笑開了懷。大多數人是素著一碗吃，有些人則是配著
一旁剛出爐的烙餅，看著看著我忽然想起了台北的蚵仔麵線……

這一碗一元的鹹豆花，剛吃，感覺就只是"鹹的豆花"而已，再吃個幾口，湯頭倒是透出一種甜美，原來裡頭放了一種小蝦米。
用湯匙把每一口送到嘴裡，再看看一旁生龍活虎工作著的老伯，嘴裡的豆花彷彿也跟著有一種活生生的躍動感。我湊到鍋前，探
了探頭看這好吃的鹹豆花到底怎麼來的，只在豆花湯鍋前，看到一排碗裝的特殊佐料。我不確定裡頭有沒有醃蘿蔔絲或冬菜絲之
類的，但蔥花和醬油、香油等調味料肯定是有的。

隔幾天上海阿姨也從早餐店裡帶了一杯回來，那是一種
先進的珍珠奶茶式密封杯包裝。（每次我在外面發現什
麼奇怪的東西，阿姨就會幫我再找來）原來鹹豆花是上
海人很普遍的點心，這杯裡多了紫菜，但口味對我而言
鹹了些。

偶爾我會想起那一碗上海的鹹豆花，在老伯炯炯的目光
與爽朗的應答裡，我充份感受到他對這份手藝（工作）
的自豪，而這樣的敬業之心，應該和我心裡懷念的台灣
豆花阿伯是一致的吧！

地點：上海市楊浦區。

蚵仔麵線

在台北，要介紹一道美味又廣為人知的大眾化點
心，蚵仔麵線是當仁不讓。
我覺得自己有責任和上海人介紹這道我最愛的台灣
小吃。
說起我與麵線的淵源，泰半台北縣市的麵線攤到處
有我的足跡吧？求學時代常和朋友在眾麵線攤間
「巡邏」，分析著各家湯頭與配料的殊勝，以做為一
種樂趣。現在偶爾看到「可疑」的麵攤，也會大膽
給它來上一碗，只是吃到後來會發現好吃的大概就
是那幾個共通點。

地點：台北縣板橋市

「蚵仔麵線」是一道台灣小吃的招牌料理。它的基本
做法是將麵線加高湯煮好勾芡後，加入川燙好的生
蚵及滷過的大腸而煮成。各家特色的高下則是在油

蔥、柴魚、竹筍、木耳等材料上的變化運用。（有的則是在烹煮過程裡頭加入不可告人的秘方）食用前依個人喜好淋上
特製的蒜蓉、烏醋等醬料，最後再灑上一把提味的香菜，一碗香噴噴的蚵仔麵線就在眼前。
好吃的麵線攤常會吸引各地的麵線迷慕名而至，眼看已是大排長龍了，也阻擋不了這些人搶食的決心。在這些強調量多
肥美的店頭裡，食客們從坐著吃到站著吃，從店裡被擠到店外去，吃完了還不忘繼續外帶的行徑，上海人應該就不難理
解這個小吃在台灣人心中的地位了吧！

老闆掛著金鍊子的手不停地為雙眼因久望鍋底而泛紅的客人們迅速地裝袋裝碗。雖
然是小型的家族企業，幾個人依然分工仔細，收錢的收錢，裝碗的
裝碗，招呼的認真招呼……還有一個人在後頭默默煮著下一鍋。

現在麵線攤又流行一種「不好吃不要錢」的宣傳方式，這
真是一記險招。訴求的重點還是人的好奇心，畢竟對豐
衣足食，缺乏積極奮鬥目標的台北人來說，吃飽已經
不是重點，而是如何從「吃」這種舌頭的運動裡找到
最容易取得的生活樂趣。

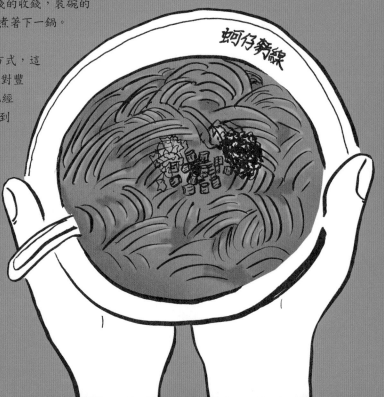

註：蚵仔麵線每碗從
台幣25～35元不等。

我在上海漫畫博覽會裡認識了四個女孩，
她們在人聲鼎沸的會場裡，扯著喉嚨大力地宣傳合力創辦的漫畫社團，
嘹亮的聲音與臉上的笑容，很難讓人不多看一眼，
我上前表明自己的身份並立刻提出採訪邀約，
五個興奮的女生很快訂下了「認識上海"漫吧"」的計畫。
在那間復旦大學對面台灣人開的漫吧裡，她們帶著自己的作品出現，
而從會場上毫不掩飾的熱情到那個下午激昂的陳述；
我看見"喜歡畫圖"這件事，真的很單純愉悅。

[热爱表演的明日之星]

你们台湾的电视剧挺感人的……

個人

1. 姓名:陳麗
2. 生日:1985.9.9
3. 星座:處女座
4. 血型:O型
5. 身高:160公分　體重:46公斤
6. 籍貫:江蘇省射陽縣
7. 教育:廣播電視職業技術學校(工商管理)
8. 住在上海:閔行區

9. 家庭成員:爸、媽、我
10. 最喜歡的顏色:黃
11. 最喜歡的動物:狗
13. 口頭禪:幹嘛
14. 崇拜的人物:韓寒
15. 座右銘:人生就像一杯咖啡,當你感覺到甜的時候,就是人生的一大樂趣了

學習

16. 最喜愛的學科:化學
17. 最討厭的學科:物理
18. 放學回家後做的第一件事是:做作業(3-4小時)
19. 放學後的學習與進修活動:沒有
20. 若有免費進修機會,最想學什麼:影視表演
21. 心中未來的志願:成為一名出色的演員
22. 父母對你的期望是:大專畢業
23. 是否使用個人電腦:否

24. 使用個人電子信箱:ICQ與朋友聯絡(公眾電腦屋)
25. 最常看的報紙/版面:娛樂周刊(社會)
26. 多久逛一次書店:二周
27. 最常逛的書店是:新華書店、上海書城
28. 偏好的書種:言情
29. 最常看的3種雜誌:《上海電視》、《少女》

愛戀

30. 希望自己幾歲結婚:25歲
31. 理想中愛人的條件:有錢、愛我比我愛他多一點、關心我和我的家人
32. 你認為上海女人的特色:愛美、愛玩、愛吃

33. 你認為上海男人的特色:懶惰、貪玩
34. 如果有機會,您會想和對岸台灣人交朋友嗎:想。理由:台灣人很可愛,比較放心

金錢

35. 目前每月零花錢大約為:20~40元
36. 生活中最大的花費是:學習的費用

37. 有儲蓄的習慣嗎:有

娛樂

38. 最常做的休閒活動:泡Bar
39. 最常逛街的地方:人民廣場、南京路與步行街
40. 喜歡哪一種音樂:Hip-Hop
41. 最欣賞的男星:大陸/孫楠　台灣/張信哲
42. 最欣賞的女星:大陸/那英　台灣/徐懷鈺
43. 最常看的電視頻道(節目):電視劇關於愛情、警察
44. 最常聽的廣播頻道(節目):篇篇情(FM101.7)、陽陽點歌台 (FM103.7)

45. 最喜愛的運動:跑步
46. 最愛看的球賽:申花隊、中國國家隊(足球)
47. 如何看待北京申奧成功:是我們努力得來的結果

旅遊

48. 曾經旅遊過的地方最懷念哪兒:黃山、上海的老房子
49. 未來最想去哪裡玩:日本、香港、澳門、台灣、韓國

50. 目前使用的交通工具:公交車

居住

51. 身為上海人,最令你驕傲的是:沒有
52. 對於上海快速發展你的想法如何:越先進越好
53. 你覺得這個城市(人)還可以再進步的地方:環境衛生
54. 推薦一種上海美食:五香豆、大閘蟹
55. 推薦一個上海景點:人民廣場
56. 到上海最要注意的一件事:不要太輕信別人的話
57. 用一句話形容上海:漂亮的不得了

58. 用一種顏色形容上海:彩色
59. 對台灣的印象:台灣的電視劇「汪洋中的一條船」挺感人的
60. 對台北人的印象:挺好的
61. 對台北的信息來源:娛樂新聞

【人物側記】

以同齡的女孩來說,上海的女生顯得世故且早熟,對於未來的發展,才16歲的陳麗早有定見。

熱愛表演的她不但存錢到市區拍了一整組的"藝術定裝照"以備不時之需,並且利用假期到表演培訓班上課。唱歌、跳舞、學吉他,積極地以行動來展現她年輕的主張。

> 還是比較想和日本人談戀愛……

 個人

1. 姓名：姜任芳　綽號：阿芳
2. 生日：1985.10.18
3. 星座：天秤
4. 血型：A
5. 身高：151　　體重：55
7. 教育：大理高中(高一)
8. 住在台北：大安區(建國南路)
9. 家庭成員：爺、爸、媽、哥、Me

10. 最喜歡的顏色：粉紅(粉色系的都喜歡)、紅
11. 最喜歡的動物：狗、可愛的....
12. 最喜歡的水果：荔枝、芭樂
13. 口頭禪：妖瘦喔~(用台語)
14. 人生座右銘：Be Happy Every Day
15. 你追求怎樣的生活：幸福、平淡的生活
16. 最欣賞的歷史人物／名人：貂嬋

 學習

17. 最喜愛的學科：English
18. 最討厭的學科：化學、物理
19. 放學回家後做的第一件事是：看電視(娛樂新聞)
20. 放學後的學習與進修活動：自修Japanese、補數學(1週1次,1次3小時)
21. 興趣／嗜好：看日劇、聽日文歌
22. 若有免費進修機會，最想學什麼：日文
23. 求學之餘是否打工：無
24. 是否計劃繼續升學：YES(語言類)
25. 心中未來的志願：家庭主婦(帶小孩、做手工、煮一堆菜)

26. 父母對你的期望是：當老師(工作穩定、賺錢寒暑假)
27. 是否使用個人電腦：YES
28. 使用個人電子信箱：YES
　　地址：candy_morita@yahoo.com.tw
29. 常上／推荐網站：青小部屋(介紹傑尼斯藝人)
30. 最常看的報紙版面：大成報(影劇版)
31. 多久逛一次書店：2個禮拜一次
32. 最常逛的書店是：何嘉仁、金石堂(離家近)
33. 偏好的書種：愛情小說
34. 最常看的3種雜誌：《Wink Op》(介紹傑尼斯家族)《Play》/《Cawati》介紹日本女生穿著)

 愛戀

35. 希望自己幾歲結婚：25歲左右
36. 理想中愛人的條件：溫柔、體貼
37. 你認為台北女人的特色：拜金…愛美

38. 你認為台北男人的特色：色
39. 如果有機會，您會想和大陸人交朋友嗎：
　　不會　　理由：嗯…只想是日本人…

 金錢

40. 目前每月零花錢大約為：2000
41. 生活中最大的花費是：補習(每月2000)

42. 有儲蓄的習慣嗎：無

 娛樂

43. 最常做的休閒活動：看TV、SLEEP、上網、SHOPPING
44. 最常逛街的地方：西門町(95樂府,賣日本進口產品)
45. 喜歡哪一種音樂：V6或日本的music
46. 最欣賞的男星：王力宏
　　日本／森田剛~(V6)
47. 最欣賞的女星：周迅、李玟　日本／後
　　藤真希~(早安少女)
48. 最常看的電視頻道(節目)：TVBS-G/Jet(校園瘋神榜)
49. 最常聽的廣播頻道(節目)：
　　音樂奇杷、東京系列
50. 最喜愛的運動：打保齡
51. 最愛看的球賽：無
52. 如何看待北京申奧成功：為他們拍手~YA~

 旅遊

53. 曾經旅遊過的地方最懷念哪兒：美西、琉球
54. 未來最想去哪裡玩：東京、北海道、法國、義大利、梵蒂岡

55. 目前使用的交通工具：Bus

居住

56. 身為台北人，最令你驕傲的是：亞洲四小龍
57. 對於台北發展現況你的想法如何：沒救了~(只為自己利益)
58. 你覺得這個城市(人)還可以再進步的地方：經濟更好……
59. 推薦一種台北美食：臭豆腐
60. 推薦一個台北景點：淡水(吃阿給)

61. 到台北最要注意的一件事：治安!
62. 用一句話形容台北：忙
63. 用一種顏色形容台北：黑　理由：空氣污染
64. 對上海的印象：繁榮
65. 對上海人的印象：無
66. 對上海的信息來源：無
67. 最想和大陸人說的一句話：同志好
68. 最想了解關於上海的問題：無

【人物側記】

聽日本歌、買日本文具，寫信的時候會佈置幾個簡單的日文，對話時也會在語末加上一句甜甜的「紅豆泥」……記事本裡除了有自己和朋友的大頭貼，一定還有傑尼斯家族成員的照片；行程表寫滿每一場歌友會的地點與時間，還有以紅筆提醒自己記得收看星期六轉播演唱會特輯的圈圈……遙想當年自己也曾是拿著小泉今日子的照片到美容院請師傅依樣畫葫蘆的青春少女，雖然不再逛萬年或割下non-no雜誌裡近藤真彥的照片，但，「給我V6，其餘免談！」的心情，我能體會。

[严肃创作的小漫画家]

如果是孤兒,那他会孝順自己的爸妈,
你对他一分好,他会对你十分好……

個人

1.姓名:樂佳夷(小咪鼠,筆名:磁場)
2.生日:1985.1.3
3.星座:山羊座
4.血型:O型
5.身高:160公分　體重:60公斤
6.籍貫:寧波(祖先幾輩已過來)
7.教育:上海第二輕工業學校(女性形象設計專業)
8.地區:浦東新區
9.家庭成員:爸爸、媽媽、自己

10.最喜歡的顏色:藍、白、黑、紅
11.最喜歡的動物:老鼠
12.最喜歡的水果:葡萄
13.口頭禪:討厭
14.人生座右銘:金錢是萬能的!
15.你嚮往怎樣的生活:有錢、自由
16.最欣賞的歷史人物／名人:
　　武則天(女人統治男人)

學習

17.最喜愛的學科:語文、數學
18.最討厭的學科:體育
19.放學回家後做的第一件事是:吃東西
20.放學後的學習與進修活動:漫畫
21.若有免費進修機會,最想學什麼:電腦(應用)
22.求學之餘是否打工:否
23.是否計劃繼續升學:是(另一個專業,像八爪魚一樣,多學幾種)
24.心中未來的志願:企業家
25.父母對你的期望是:學習好、性格好
26.是否使用個人電腦:是

27.使用個人電子信箱:媽媽怕上網學壞
28.每天是否有讀書習慣:沒有
29.最喜歡閱讀的版面:漫畫版
30.平均多久逛一次書店:很頻繁(每天都會經過)
31.最常逛的書店是:漫畫書店(上海挺多,特別是學校附近)
32.偏好的書種:漫畫、雜書
33.最常看的3種雜誌:沒有
34.最喜歡的漫畫家:Clamp
　　最喜歡的人物:流川楓(灌藍高手)

愛戀

35.希望自己幾歲結婚:30歲(工作穩定、經歷豐厚)
36.理想中愛人的條件:有錢、孤兒(若是孤兒,會孝順自己爸媽,對他1分好,會對自己10分好,不用奉養4個老人)、專一、以事業為重
37.你認為上海女人的特色:妖媚、亂跟時尚

38.你認為上海男人的特色:沒錢、沒道德、沒理想、缺心眼
39.如果有機會,您會想和對岸台灣人交朋友嗎:會　理由:隨便

金錢

40.目前每月零花錢大約為:50元
41.生活中最大的花費是:吃

42.有儲蓄的習慣嗎:沒有

娛樂

43.最常做的休閒活動:睡覺、看書
44.最常逛街的地方:浦東
45.多久看一次電影:不看
46.喜歡哪一種音樂:沒有
47.最常看的電視節目:動漫頻道

48.最常聽的廣播節目:沒有
49.最喜愛的運動:F1(方程式賽車)
50.最愛看的球賽:沒有
51.如何看待北京申奧成功:無所謂(國家榮譽應該是放在心裡面,而不用放在嘴上說)

旅遊

52.曾經旅遊過的地方最懷念哪兒:沒有
53.未來最想去哪裡玩:東京(買漫畫)、巴黎(吃、玩、風景好)

54.目前使用的交通工具:公車

居住

55.身為上海人,最令你驕傲的是:不是外地人
56.對於上海快速發展你的想法如何:有待繼續發展(沒有最好的,只有更好的)
57.你覺得這個城市(人)還可以再進步的地方:工資提高
58.推薦一種上海美食:小籠包(城隍廟蟹肉小籠)
59.推薦一個上海景點:浦東
60.到上海最要注意的一件事:不要亂花錢
61.用一句話形容上海:雖不漂亮,但有味道(雖比不上巴黎、法國,但在某一棟建築物前看會覺得挺有味道)

62.用一種顏色形容上海:奶白　理由:因為清晨會有白色的霧
63.對台灣的印象／看法:很時尚
64.對台北人的印象:很有性格(有自己穿著品味)
65.對台北的信息來源:媒體
66.最想和台灣人說的一句話:你好!
67.最想了解關於台灣的問題:工資

【人物側記】

照片裡的四個女孩是我在上海漫畫博覽會裡認識的,她們在人聲鼎沸的會場裡,扯著喉嚨大力地宣傳合力創辦的漫畫社團,嘹亮的聲音與臉上的笑容,很難讓人不多看一眼,我上前表明自己的身份並立刻提出採訪邀約,五個興奮的女生很快訂下了「認識上海"漫吧"」的計畫。在那間復旦大學對面台灣人開的漫吧裡,陳文、樂佳夷、白玉茹和陳雅君如期帶著自己的作品出現。而從會場上毫不掩飾的熱情到那個下午激昂的陳述;我看見見"喜歡畫圖"這件事,真的很單純愉悅。

上海人的印象：騎腳踏車、捲舌、瘦……

個人

1.姓名：林蔚儒
2.生日：1982.3.12
3.血型：A
4.身高：168　體重：54
5.籍貫：台北縣
6.畢業學校：政大中二
7.家庭成員：父、母、姐、我、妹

8.住在台北：三重
9.最喜歡的顏色：橘
10.最喜歡的動物：狗
11.最喜歡的水果：蘋果
12.最欣賞的歷史人物／名人：　反本龍馬(日本西元
　　1850年左右,政治人物)

學習

13.最喜愛的學科：國文
14.最討厭的學科：數學
15.放學回家後做的第一件事是：洗澡
16.放學後的學習與進修活動：沒
17.若有免費進修機會,最想學什麼：語言
18.求學之餘是否打工：是
19.工讀單位：漫畫店(工讀生)
20.是否計劃繼續升學：否
21.心中未來的志願：寫小說(男男的言情小說)
22.父母對你的期望是：過得好就好了

23.是否使用個人電腦：是
24.larcencielhtyk@yahoo.com.tw
25.常上／推荐網站：火曜日(漫畫同人誌)
26.最常看的報紙：自由時報、中國時報
27.最喜歡閱讀的版面：演藝、休閒、藝文
28.平均多久逛一次書店：2星期
29.最常逛的書店是：誠品、何嘉仁
30.偏好的書種：小說、漫畫
31.最常看的3種雜誌：《談星》、《壹週刊》、
　　《COCO》

愛戀

32.理想中愛人的條件：溫柔、體諒
33.你認為台北女人的特色：瘦
34.你認為台北男人的特色：很粗糙

35.如果有機會,您會想和對岸的男女子交往
　　嗎：還好不反對

金錢

36.目前每月工讀收入大約為：1萬多元
37.目前每月零花錢大約為：7、8000

38.生活中最大的花費是：吃飯
39.有儲蓄的習慣嗎：有

娛樂

40.最常做的休閒活動：看漫畫
41.最常逛街的地方：西門町
42.多久看一次電影：很久
43.喜歡哪一種音樂：搖滾、流行
44.最欣賞的男星：日-彩虹樂團
45.最欣賞的女星：孫燕姿、日-江角真紀子

46.最常看的電視頻道(節目)：TVBS-G(娛樂新
　　聞)、新聞台
47.最喜愛的運動：走路
48.最愛看的球賽：無
49.如何看待北京申奧成功：很好

旅遊

50.曾經旅遊過的地方最懷念哪兒：屏東(阿媽家)
51.未來最想去哪裡玩：日本

52.目前的交通工具：捷運、公車

居住

53.身為台北人,最令你驕傲的是：進步
54.對於台北發展現況的想法：百尺竿頭
55.你覺得這個城市還可以再進步的地方：交通
56.推薦一種台北美食：臭豆腐
57.推薦一個台北景點：貓空
58.到台北最要注意的一件事：塞車

59.用一句話形容台北：熱鬧的
60.用一種顏色形容台北：橘　　理由：有活力
61.對上海的了解：南京條約
62.對上海人的印象：騎腳踏車、捲舌、瘦
63.最想和上海人說的一句話：加油
64.最想了解關於上海的問題：發展情況

【人物側記】

蔚儒是大學中文系的學生,不上課的時候,她就在住家附近的一家漫畫出租店打工。原本就喜歡漫畫的她,因為這樣的故意,和漫畫的關係更是明目張膽地如膠似漆了。問她最喜歡的漫畫——《風火英雄》、《午夜的太陽》;最喜歡的漫畫家——浦澤直樹、本仁戾,裡面沒有一個是我認識的。　由於每天在店裡頭「翻」漫畫、「數」漫畫又「搬」漫畫,蔚儒的腦子也浮現了很多奇思怪想。對於未來並沒有想太多的她,最想寫的竟是男男的言情小說咧!

[被愛充滿的掌上明珠]

我以自己是上海人而感到自豪！

個人

1. 姓名：陳麗莉
2. 生日：1978.1.3
4. 身高：160公分　　體重：43公斤
5. 籍貫：上海
6. 畢業學校：莘行區職教中心(旅遊學業)──職業高中
7. 家庭成員：父、母、自己
8. 住在上海：閔行區
9. 最喜歡的顏色：藍色
10. 最喜歡的動物：熊貓
11. 最喜歡的水果：橙子
12. 宗教信仰(觀)：無
13. 人生座右銘／格言：只要是對的，就要認真去做
14. 你追求怎樣的生活：穩定、富裕
15. 最欣賞的歷史人物／名人：孫中山(打破封建社會枷鎖，真正解放中國的代表人物)

工作

16. 工作單位：探索科技信息有限公司，上一個工作在台灣人的空調公司(松江，太遠而離職)職稱：客户服務＋廣告部門業務
17. 平均工作時間：8小時
18. 對目前工作是否滿意：還好
19. 認為目前工作最大的成就感是：能夠讓客户接受我們的服務，所做的文案能夠得到肯定
20. 認為目前工作最大的挑戰是：怎樣使客户接受我們的服務
21. 未來工作目標：在工作中接觸更多的人，如果可能的話，希望成為一個律師
22. 生活中最大的開銷：除了學習之外，就是旅遊，和同事出遊
23. 對金錢的態度：用自己辛勤的工作來賺取合法的收入

愛戀

24. 你認為一個好的伴侶應該具有最重要的人格特質：誠實、可靠、善待父母
25. 你認為上海女人的特色：精明、會過日子
26. 你認為上海男人的特色：疼老婆、肯拼

旅遊

27. 曾經旅遊過的地方最懷念哪兒：杭州
28. 未來最想去哪裡玩：九寨溝、瑞士、荷蘭
29. 目前使用的交通工具：地鐵

學習

30. 工作後的學習與進修活動：學法律
31. 是否有個人電腦：有
32. 是否利用網路活動：只是上網查資料，絕對不會利用網路聊天
33. 若有免費進修機會，最想學什麼：英語
34. 最常看的報紙／版面：新民晚報(體育版)
35. 多久逛一次書店：一個星期左右
36. 最常逛的書店：上海書城
37. 偏好的書種：科學(超自然謎團)
38. 最常看的3種雜誌：《讀者》、《旅行家》、《環球銀幕》

娛樂

39. 最常做的休閒活動：去公園(莘庄公園)
40. 最常逛街的地方：徐家匯、淮海路
41. 多久看一次電影：很難説，最喜歡獨立日、黑衣人、外星人、格戰
42. 喜歡哪一種音樂：流行音樂，但也喜歡交響樂
43. 最欣賞的男星：大陸／濮存昕　台港／林志炫
44. 最欣賞的女星：大陸／　台港／宣萱
45. 最常看的電視頻道(節目)：案件聚焦、東方110、體育台
46. 最常聽的廣播頻道(節目)：不太聽
47. 最喜愛的運動：不太做運動
48. 最愛看的球賽：足球
49. 如何看待北京申奧成功：特別高興

居住

50. 身為上海人，最令你驕傲的是：是中國經濟騰飛的龍頭
51. 對於上海快速發展的想法：當然很自豪上海的發展，但有時也會不斷告誡自己需更加努力求進步
52. 你覺得這個城市還可以再進步的地方：環境、人民的素質
53. 推薦一種上海美食：八寶辣醬
54. 推薦一個上海景點：城隍廟
55. 到上海最要注意的一件事：交通
56. 用一句話形容上海：我以自己是上海人而感到自豪
57. 用一種顏色形容上海：紅　理由：紅色代表興旺，反應出我們這個城市不斷在創新，使之成為名副其實的國際大都市
58. 對台灣的印象／看法：電子業發達、飆車
59. 對台灣人的印象：還行，年輕人工作很拼
60. 對台灣的信息來源：報紙、廣播、網路
61. 最想和台灣人説的一句話：我們都是炎黃子孫
62. 最想了解關於台灣的問題：台灣民眾的生活水平與大陸的區別在哪裡

【人物側記】

由於奉行政府一胎化政策，大陸現代家庭每一户多為獨生子女。一趟上海行讓我見識到：上海父母(祖父母)望子成龍和望女成鳳的態度多麼積極！受訪時，麗莉的父母一左一右陪伴呵護備至，緊急的時候還會代為答題。目前的公司位於淮海路，搭地鐵上班，退休的父親每天都會騎腳踏車演出溫馨接送情。曾經在台資企業工作的麗莉對台灣人的印象是年輕人工作很拼。

> 台灣完了,很worry,快沒工作了,覺得自己快被潮流淘汰了……

 個人

1.姓名:楊貴絜
2.生日:1978.12.19射手座
3.血型:O型
4.身高:167　體重:52
5.籍貫:台灣省台中縣
6.畢業學校:東吳大學中文系
7.家庭成員:9人
8.住在台北:松山區

9.最喜歡的顏色:紫色
10.最喜歡的動物:兔子
11.最喜歡的水果:葡萄
12.宗教信仰:考慮信基督教
13.人生座右銘/格言:只有金錢是不會背叛女人的
14.你追求怎樣的生活:睡覺睡到自然醒,每天穿漂亮出門
15.最欣賞的歷史人物/名人:Leslie Chang 張國榮

 工作

16.工作單位:誠品書店
　　職稱:櫃服/門市人員
17.每天平均工作時間:8小時
18.對目前工作是否滿意:否
19.認為目前工作最大的成就感是:可以靠自己的$到處玩耍

20.認為目前工作最大的挑戰是:不被客人激怒而毛躁
21.未來工作目標:當店長/我要當女強人
22.生活中最大的開銷:買衣服
23.對金錢的態度:人生得意須盡歡($要花在刀口上,把路邊攤穿得像名牌)

 愛戀

24.你認為一個好的伴侶應該具有最重要的人格特質:穩重、要有品味
25.你認為台北女人的特色:有$、架子高

26.你認為台北男人的特色:沒有腔調、罵人用英文
27.如果有機會,您會想和對岸的男子交往嗎:不會排斥　理由:看緣份嘛!

 學習

28.工作後的學習與進修活動:沒有
29.是否有個人電腦:否,家人先用,所以要搶
　　電子信箱:takako-yary@yahoo.com.tw
30.最常上的網站:飛喵喵(空姐網站)
31.若有免費進修機會,最想學什麼:國標舞
32.每天是否有讀報習慣:有

33.最常看的報紙/版面:中國時報(影劇版)
34.多久逛一次書店:每天
35.最常逛的書店:誠品+FNAC
36.偏好的書種:文學
37.最常買的3種雜誌:日本服裝雜誌、沒有固定,是個善變的人

 娛樂

38.最常做的休閒活動:shopping
39.最常逛街的地方:東區(綽號楊SOGO)
40.多久看一次電影:半年
41.喜歡哪一種音樂:Jazz
42.最欣賞的男星:黃磊、張國榮
43.最欣賞的女星:周迅、王菲
44.最常看的電視頻道(節目):緯來日本台

(木棧的日劇最多)、TVBS-G(娛樂新聞)
45.最常聽的廣播頻道(節目):愛樂
46.最喜愛的運動:壓馬路
47.最愛看的球賽:籃球
48.如何看待北京申奧成功:台灣完了,很worry,快沒工作了,覺得自己快被潮流淘汰

 旅遊

49.曾經旅遊過的地方最懷念哪兒:泰國
50.未來最想去哪裡玩:北海道

51.目前的交通工具:公車

 居住

52.身為台北人,最令你驕傲的是:可以穿漂亮衣服,而且有人欣賞(這才是重點),女為悅己者容嘛!
53.對於台北發展現況的想法:沒文化,不知道驕傲啥
54.你覺得這個城市還可以再進步的地方:文化水準(生活習慣)、價值觀
55.推薦一種台北美食:冰店(草莓冰,永康街一盤120元)
56.推薦一個台北景點:文化後山,會起霧(跟一個懷念的人在那約會)
57.到台北最要注意的一件事:氣管不好

的人容易鼻塞(空氣裡的懸浮物多)
58.用一句話形容台北:這是個沒文化,重表象的城市
59.用一種顏色形容台北:grey　理由:不好不壞
60.對上海的了解:很多可拍照的地方,人很驕傲
61.對上海人的印象:張國榮、張愛玲……優雅,有自己的氣質
62.上海的信息來源:張愛玲小說、夏禕的節目
63.最想和上海人說的一句話:儂好啊
64.最想了解關於上海的問題:在哪裡做好看又便宜的旗袍?

【人物側記】

講話像連珠炮的貴絜是個直腸子。藏不住心事的她總會在你翻看新書的當頭,冷不防地衝過來拉著妳又跳又說。她喜愛服務業,在幾個性質類似的工作之間轉換後,仍然繼續堅持書店這條路。

問卷裡的字裡行間,可以讀出她目前對「$」的高度興趣和發展事業的旺盛企圖。而從她毫不遮掩的表明擔心,我們也感受到這一代青年的共同焦慮。

[武功了得的浦東辣媽]

不要輕易開口,以免外地人身分被識破!!

個人

1. 姓名:郁琳
2. 生日:1979.1.20
3. 血型:A
5. 星座:山羊
4. 身高:　體重:
5. 籍貫:蘇州市
6. 畢業學校:上海長寧體校院

7. 住在上海:浦東新區
8. 最喜歡的顏色:天藍
9. 最喜歡的動物:馬
10. 最喜歡的水果:水梨
11. 人生座右銘/格言:
12. 最欣賞的歷史人物/名人:

工作

13. 工作單位:個體　職稱:雜技演員
14. 每天平均工作時間:不一定
15. 對目前工作是否滿意:尚可
16. 認為目前工作最大的成就感是:沒有失誤
的演出

17. 認為目前工作最大的挑戰是:每天練功維
持表演水平
18. 未來工作目標:過幾年想轉行自己經營小
生意(化妝品、婚紗)
19. 生活中最大的開銷:貼補家用

愛戀

20. 婚姻狀態:(30歲以後)
21. 你認為一個理想的伴侶應該具備的人格特
質:成熟、穩重

22. 你認為上海女人的特色:
23. 你認為上海男人的特色:像綿羊(溫馴)、
像變色龍(在家一套在外一套)

旅遊

24. 曾經旅遊過的地方最懷念哪兒:荷蘭的風俗民情
25. 未來最想去哪裡玩:瑞士

26. 目前的交通工具:出租車

學習

27. 工作後的學習與進修活動:之前日語,目前無
28. 是否有個人電腦:沒有
29. 若有免費進修機會,最想學:舞台表演用的服
裝設計
30. 最常看的報紙/版面:不一定(娛樂、社會版)

31. 最常逛的書店:不一定(路過)
32. 偏好的書種:以前是小說,生孩子後是
親子教養
33. 最常看的3種雜誌:《知音》、《青年
一代》

娛樂

34. 最常做的休閒活動:逛街買東西
35. 最常逛街的地方:淮海路(百貨公司、襄陽市場…)
36. 喜歡哪一種音樂:輕音樂
37. 最欣賞的男星:張國榮
38. 最欣賞的女星:
39. 最常看的電視頻道(節目):港台電影頻道

40. 最常聽的廣播頻道(節目):很少,那
是老人和出租車司機才聽的…
41. 最喜愛的運動:溜冰
42. 最愛看的球賽:略
43. 如何看待北京申奧成功:略

居住

44. 你最喜歡這個城市的:鄉音彌漫的感覺
45. 你最無法忍受這個城市的:自私、勾心鬥角
46. 你覺得這個城市還可以再進步的地方:休閒的地
方多一點
47. 推薦一種上海美食:城隍廟裡的小籠包
48. 推薦一個上海景點:略
49. 到上海最要注意的一件事:不要輕易開口,以免
外地人身份被識破!

50. 用一句話形容上海:表裡不一
51. 用一種顏色形容上海:略
理由:略
52. 對台北的了解:和上海差不多吧
53. 對台北人的印象:台灣男子很大男
人…
54. 最想和台北人說的一句話:略
55. 最想了解關於台北的問題:略

【人物側記】

第一次正式欣賞琳琳表演是在上海大劇院裡。已經聽說了很多雜技演員從小受訓的各種辛酸,看著從下午就開始的排練到舞台
上令人屏息凝神的精采表演,這才深深體會什麼叫"台上一分鐘,台下十年功"的意涵。這應該也是所有手藝人的生命樣態
吧!琳琳出身雜技世家,她的父親在上海雜技界培育了無數雜技人才,在那個江澤民主席還是上海市市長的年代就率領上海雜
技團多次出國做巡迴表演。雖然才二十出頭,但山羊座的琳琳已經未雨綢繆和先生投資作了生意,為即將的退休生涯做準備。

> 我最欣賞的名人是陳水扁先生。

個人

1. 姓名：王翔琪
2. 生日：1975.2.28
3. 血型：A
4. 身高：159　體重：56
5. 籍貫：高雄市
6. 畢業學校：國防管理學院(行政、財務)
7. 家庭成員：8人
8. 住在台北：板橋
9. 最喜歡的顏色：紅
10. 最喜歡的動物：小白兔
11. 最喜歡的水果：蘋果
12. 宗教信仰：佛教
13. 人生座右銘／格言：追求自己所想要的生活
14. 你追求怎樣的生活：充實的生活
15. 最欣賞的歷史人物／名人：陳水扁

工作

16. 工作單位：軍事單位
　　職稱：人事官(人事業務)
17. 每天平均工作時間：18小時(5:30～晚)
18. 對目前工作是否滿意：滿意(只是較不自由、生活限制多)
19. 認為目前工作最大的成就感是：各項業務、評比名列前茅
20. 認為目前工作最大的挑戰是：人事精簡後業務繁雜
21. 未來工作目標：能到高雄單位服務(上下班制)
22. 生活中最大的開銷：服裝及娛樂
23. 對金錢的態度：比較不會節制

愛戀

24. 婚姻狀態：未婚(30歲以後)
25. 你認為一個理想的伴侶應該具備的人格特質：成熟、穩重
26. 你認為台北女人的特色：愛花錢
27. 你認為台北男人的特色：花心、不切實際
28. 如果有機會，您會想和對岸的男子交往嗎：不會　理由：距離太遙遠

學習

29. 工作後的學習與進修活動：看電視、逛街、看書
30. 是否有個人電腦：目前沒有
31. 若有免費進修機會，最想學：日語
32. 最常看的報紙/版面：中國時報(社會版)
33. 多久逛一次書店：常常
34. 最常逛的書店：金石堂
35. 偏好的書種：勵志及佛學
36. 最常看的3種雜誌：《最美麗的女人》、《ELLE》、《壹周刊》

娛樂

37. 最常做的休閒活動：逛街買東西、KTV
38. 最常逛街的地方：百貨公司
39. 喜歡哪一種音樂：輕快
40. 最欣賞的男星：萬梓良
41. 最欣賞的女星：王菲、關芝琳
42. 最常看的電視頻道(節目)：歌唱比賽的頻道
43. 最常聽的廣播頻道(節目)：光禹(飛碟)
44. 最喜愛的運動：跑步
45. 最愛看的球賽：沒有
46. 如何看待北京申奧成功：沒有感覺

旅遊

47. 曾經旅遊過的地方最懷念哪兒：墾丁
48. 未來最想去哪裡玩：日本
49. 目前的交通工具：通勤(住部隊裡)

居住

50. 身為台北人，最令你驕傲的是：生活腳步比一般地方迅速
51. 對於台北發展現況的想法：交通還是很亂
52. 你覺得這個城市還可以再進步的地方：休閒的地方多一點
53. 推薦一種台北美食：日本料理
54. 推薦一個台北景點：陽明山
55. 到台北最要注意的一件事：交通非常亂
56. 用一句話形容台北：繁華城市
57. 用一種顏色形容台北：紅　理由：很開放
58. 對上海的了解：不太了解
59. 對上海人的印象：經濟很繁榮
60. 上海的信息來源：電視
61. 最想和上海人說的一句話：一同努力將經濟發展達到最頂端
62. 最想了解關於上海的問題：人的工作及休閒

【人物側記】

翔琪的工作很特別，她在神秘的軍事單位裡服務。很難想像花樣年華的女孩每天穿著軍服處理繁冗公務的樣子，也懷疑在那樣嚴肅的氣氛下如何每天工作18小時。然而對從小就立志從軍並上過成功嶺受訓的她可說是如魚得水且樂此不疲。問她欣賞的歷史人物與名人，她回答得毫不猶豫。她說欣賞陳水扁總統，因為他優秀又有實力。

什么时候可以直航 ???!!!

 個人

1. 姓名：張燕
2. 生日：1971.3.14
3. 星座：雙魚座
4. 血型：A型
5. 身高：161公分　體重：52公斤
6. 籍貫：河南
7. 畢業學校：上海財經大學
8. 家庭成員：4人

9. 住在上海：徐匯區
10. 最喜歡的顏色：紅色
11. 最喜歡的動物：天鵝
12. 最喜歡的水果：葡萄
13. 人生座右銘／格言：隨遇而安
14. 你追求怎樣的生活：體面的生活
15. 最欣賞的歷史人物／名人：歷史人物有好有壞

 工作

16. 工作單位：PwC（普華永道）會計師事務所
17. 職稱：高級財務
18. 平均工作時間：8小時
19. 對目前工作是否滿意：滿意
20. 認為目前工作最大的成就感是：別人肯定自

己能力，認同自己工作
21. 認為目前工作最大的挑戰是：財務諮詢
22. 未來工作目標：IT行業
23. 生活中最大的開銷：車費
24. 對金錢的態度：越多越好

 愛戀

25. 婚姻狀態：結婚4年　2女
26. 一個好的伴侶應該具備的人格特質：有能力、有內涵、有錢、體貼
27. 你認為上海女人的特色：精敏

28. 你認為上海男人的特色：體貼
29. 你認為維持良好婚姻品質的秘訣是：寬容、理性
30. 對孩子的教育方法：循序漸進
31. 對孩子的期望：德才兼備

 旅遊

32. 曾經旅遊過的地方最懷念哪兒：杭州
33. 未來最想去哪裡玩：夏威夷

34. 使用的交通工具：步行

 學習

35. 工作後的學習與進修活動：英語(自己看書)
36. 個人電腦：有
37. 若有免費進修機會，最想學什麼：財務軟件應用與實施
38. 最常看的報紙：新民晚報、申江導報、房地產市場報

39. 多久逛一次書店：沒有規律，路過會去看一下
40. 最常逛的書店：季風、三聯、新華
41. 偏好的書種：孩子教育、蘇童、王翔
42. 最常看的3種雜誌：《讀者》，閱讀以書、報紙為主

 娛樂

43. 最常做的休閒活動：騎車，茅台路（去買孩子的東西，划算＋運動）
44. 最常逛街的地方：襄陽路、茅台路
45. 多久看一次電影：不看電影，看VCD（倫理片－人性、偵探推理＋驚悚）
46. 喜歡哪一種音樂：鋼琴、小提琴
47. 最欣賞的男星：大陸／濮存昕港／港台片很無聊

48. 最欣賞的女星：大陸／寧靜＋許晴
49. 最常看的電視頻道(節目)：歷史劇：呂不韋、大宅門，對歷史背景有深刻理解且融會貫通
50. 最常聽的廣播頻道(節目)：東方音樂
51. 最喜愛的運動：游泳
52. 最愛看的球賽：跳水
53. 如何看待北京申奧成功：讓北京及中國被世界了解

 居住

54. 身為上海人，最令你驕傲的是：上海展發得很好，一方土養一方人，養出一堆精明人
55. 對於上海快速發展的想法：上海繳稅繳得厲害，建設好，吸引外地人投資，環環相扣，帶動周邊企業
56. 你覺得這個城市還可以再進步的地方：對外交流活動要再加強，邊緣城市如閔行、青浦應一起帶動發展（房地產、大企業進駐）
57. 推薦一種上海美食：螃蟹
58. 推薦一個上海景點：外灘
59. 到上海最要注意的一件事：上海人地方保護感強，看不起外地人、台灣人，其實是不好

的，不應如此，外地人來上海唸書、工作是百裡挑一，肯吃苦、耐勞
60. 用一句話形容上海：賞心悅目
61. 用一種顏色形容上海：因為太了解反而無法形容
62. 對台灣人的印象：真誠、心地好，上海人太精明
63. 對台灣的信息來源：老公及朋友
64. 最想和台灣人說的一句話：別把上海的房子都買光，出來看看吧！
65. 最想了解關於台灣的問題：什麼時候可以直航——省錢、省機票

【人物側記】

張燕在朋友介紹下與來自台灣的先生交往了二年半後結婚建立了小家庭。由於先生在傳統的台灣家庭長大並且留學日本，笑稱自己的歐美思想與先生夾雜台日薰陶的雙重威力相碰撞，產生了各種價值觀的衝擊。她認為兩岸婚姻最需要克服的是文化上的差異，並且建議考慮結婚的兩岸男女對於雙方語言、思維與父母家庭觀念最好都能相互理解、互相提攜。月收入近兩萬人民幣的張燕與其朋友群在上海社會階層中屬金字塔的頂端。抱著一雙可愛的女兒，自信從容的她說未來的工作要在財務軟件的開發應用上創造一片天地。

台北像 "墨綠色"，因為樹葉總有一層灰……

 個人

1.姓名：鄭淑貞
2.生日：1970.1.22
3.血型：B
4.身高：150　體重：46
5.籍貫：台北市
6.學歷：中國工商專校
7.住在台北：大安區

8.最喜歡的顏色：綠
9.最喜歡的動物：人、狗
10.最喜歡的水果：草莓
11.人生座右銘／格言：退一步海闊天空
12.你追求怎樣的生活：快樂
13.最欣賞的歷史人物／名人：鄭成功

 工作

14.工作單位：與夫家工作　職稱：會計
15.每天平均工作時間：8小時
16.對目前工作是否滿意：否
17.認為目前工作最大的成就感是：可兼顧家庭

18.認為目前工作最大的挑戰是：婆婆媽媽
19.未來工作目標：存錢
20.生活中最大的開銷：教育費
21.對金錢的態度：即時行樂

 愛戀

22.婚姻狀態：結婚(6)年‧2女
23.你認為一個理想的伴侶應該具備的人格
　　特質：包容性強
24.你認為台北女人的特色：盲從
25.你認為台北男人的特色：剩下一張嘴巴

26.你認為維持良好婚姻品質的秘訣是：用心經營
27.最欣賞的男星：李連杰、梁朝偉
28.最欣賞的女星：莫文蔚
29.對孩子的教育方法：自由
30.對孩子的期望：快樂長大

 學習

31.工作後的學習與進修活動：看書
32.是否有個人電腦：先生的
33.是否利用網路活動：上網(旅遊)
34.若有免費進修機會，最想學什麼：畫圖
35.最常看的報紙/版面：聯合報(副刊)

36.多久逛一次書店：半個月
37.最常逛的書店：誠品(敦化)
38.偏好的書種：兒童、文學
39.最常看的3種雜誌：旅遊、《ELLE》、
　　《nonno》

 娛樂

40.最常做的休閒活動：喝咖啡
41.最常逛街的地方：SOGO
42.多久看一次電影：生孩子以後很少看
43.喜歡哪一種音樂：JAZZ
44.最常看的電視頻道(節目)：TVBS新聞、
　　HBO、八卦節目

45.最常聽的廣播頻道(節目)：台北愛樂
46.最喜愛的運動：跑步、爬山
47.最愛看的球賽：網球
48.如何看待北京申奧成功：人人有機會

 旅遊

49.曾經旅遊過的地方最懷念哪兒：舊金山
　　(蜜月旅行)

50.未來最想去哪裡玩：巴黎
51.目前的交通工具：走路

居住

52.身為台北人，最令你驕傲的是：很多美食
53.對於台北發展現況的想法：有待加油
54.你覺得這個城市還可以再進步的地方：文
　　化、人文多一點
55.推薦一種台北美食：牛肉麵
56.推薦一個台北景點：陽明山
57.到台北最要注意的一件事：
58.用一句話形容台北：樹太少、人太多

59.用一種顏色形容台北：墨綠色
　　理由：樹葉有一層灰
60.對上海的了解：正在加油
61.對上海人的印象：人很兇
62.上海的信息來源：傳播
63.最想和上海人說的一句話：小聲一點
64.最想了解關於上海的問題：小籠包的故事

【人物側記】

唸書的時候是個到處玩耍的狠角色，結婚後卻讓人跌破人眼鏡成了居家楷模。婚姻帶給人的變化果真無可預期。白天在夫家
的店裡幫忙，下午和多數年輕的台北媽媽一樣，帶著幼稚園的女兒上安親班學美語，在等待的零碎空檔裡才有時間和老朋友
喝咖啡交換心情。晚上和公公、婆婆一起回到同住的公寓用餐休息，雖然大家相敬如賓，喜歡弄些花花草草並且動手做DIY
的她，最大的心願還是擁有一個完全自主的天地。

124

[义薄云天的上海阿姨]

> 希望他读书考大学,如果嫁儿子.
> 也无所谓……

 個人

1.姓名：郁玲芳
2.生日：1962.11.25(射手)
3.身高：160公分　　體重：113斤
4.籍貫：上海市
5.學歷：閔行三中(高中)
6.家庭成員：丈夫、自己、兒子
7.住在上海：閔行

8.最喜歡的顏色：灰、藏青、黑
9.最喜歡的動物：貓
10.最喜歡的水果：梨
11.人生座右銘／格言：從我做起，從現在做起
12.你追求怎樣的生活：平凡
13.最欣賞的歷史人物／名人：周恩來(為國獻身、一生貢獻)

 工作

14.工作職稱：媬姆
15.每天平均工作時間：不一定，AM6：30～11：00、
　　4：30～8：00平均8小時
16.對目前工作是否滿意：一般
17.認為目前工作最大的成就感是：一般

18.認為目前工作最大的挑戰是：想菜
　　色，變花樣
19.未來工作目標：做1天算1天
20.生活中最大的開銷：小孩花費
21.對金錢的態度：夠用夠花即可

 愛戀

22.婚姻狀態：結婚15年，育有1子
23.一個好的伴侶應該具備的人格特質：體貼、
　　謙讓
24.你認為上海女人的特色：條件好、趕時髦
25.你認為上海男人的特色：好壞皆有，一般的
　　(人在哪都一樣)

26.你認為維持良好婚姻品質的秘訣是：生氣
　　時不予理會
27.對孩子的教育方法：以金錢誘導(威脅利誘)
28.對孩子的期望：讀書考大學，嫁兒子亦無
　　所謂！

 旅遊

29.曾經旅遊過的地方最懷念哪兒：南京
30.未來最想去哪裡玩：想坐飛機飛看看，去哪無所謂

31.目前的交通工具：自行車

 學習

32.若有免費進修機會，最想學什麼：英語、電腦
33.最常看的報紙／版面：新民晚報廣告類 (產品折
　　扣) ／社會新聞

34.偏好的書種：瓊瑤、烹飪

 娛樂

35.最常做的休閒活動：聊天喝茶
36.最常逛街的地方：家樂福、樂購
37.多久到市區一次：没事不會去
38.喜歡的音樂：迪斯可舞曲、流行歌曲
39.最欣賞的男星：任賢齊

40.最常看的電視頻道(節目)：有限影視(連續劇)、
　　東方110
41.最喜愛的運動：仰卧起坐
42.如何看待北京申奧成功：無所謂

 居住

43.身為上海人，最令你驕傲的是："戶口"即驕
　　傲，外地人到上海購屋需要"藍印戶口"，工作"
　　要工作證"
44.上海快速發展的想法：國營企業不景氣，外資
　　企業越來越多，因為競爭工資越來越低
45.你覺得這個城市還可以再進步的地方：文明、
　　素質要提高
46.推薦一種上海美食：醃燉鮮(湯)
47.推薦一個上海景點：金山海邊
48.到上海最要注意的一件事：交通安全、財不露
　　白(騙子)
49.用一句話形容上海：上海是個好地方

50.用一種顏色形容上海：灰
　　理由：尚未完全建好
51.對台灣的印象：政治紛爭多、自殺
　　多、抗議多
52.對台灣人的印象：人很好、相處融洽
53.對台灣的信息來源：報紙、電視
54.最想和台灣人說的一句話：請大家多
　　來看看走走，大陸比以前好多了，陳
　　水扁不要一直跑來跑去
55.最想了解關於台灣的問題：為什麼這
　　麼多選舉，拉票很累

【人物側記】

阿姨是與我互動最多的上海人。她在表姐夫家當媬姆，負責照顧眾人的生活起居。生活中的大小雜事阿姨總是能夠兵來將擋，泰然處之；唯一讓她頭疼的是每天要動腦筋變化菜色這件事。白天我跟著她上市場買菜、認識些鄉里傳奇，晚上我們騎腳踏車晃盪或是看朋友打麻將去。身為"戶長"的上海阿姨在家裡掌管各項生殺大權，不僅養家活口的態勢看得我一楞一楞的，照顧朋友也像幫派的大姐頭一樣，毫不含糊！與傳說中精明計較的上海女人有一些出入。

到台北不要被
忽然衝出的摩托車嚇死！！

個人

1.姓名：張黎玉
2.生日：1961.4.3
3.血型：O
4.身高：160　體重：50
5.籍貫：台北市
6.學歷：武藏野美術學院肄業
7.家庭成員：丈夫、自己、兒子
8.住在台北：天母里

9.最喜歡的顏色：阿媽色(大自然的顏色)
10.最喜歡的動物：都愛
11.最喜歡的水果：都愛
12.宗教信仰：佛教
13.人生座右銘／格言：天下沒有白吃的午餐
14.你追求怎樣的生活：安和樂利
15.最欣賞的歷史人物／名人：佛陀

工作

16.職稱：家庭主婦，還有美術設計
17.對目前工作是否滿意：尚可
18.認為目前工作最大的成就感是：兒子的笑容
19.認為目前工作最大的挑戰是：不會用電腦

20.未來工作目標：把電腦學會
21.生活中最大的開銷：生活費
22.對金錢的態度：沒有很大的野心，可以過
　　就滿足了

愛戀

23.婚姻狀態：結婚(10年，1子)
24.一個理想的伴侶應該具備的人格特
　　質：積極、正面的思考、幽默
25.你認為台北女人的特色：騎車驃悍
26.你認為台北男人的特色：好高騖遠

27.你認為維持良好婚姻品質的秘訣是：去包容
　　善解，去看對方的優點和付出！
28.對孩子的教育方法：用愛幫助他成長
29.對孩子的期望：自信自在

學習

30.工作後的學習與進修活動：佛學
31.是否有個人電腦：有
32.若有免費進修機會，最想學什麼：瑜珈
33.最常逛的書店：天母誠品

34.偏好的書種：兒童圖畫書、心靈成長、兒童教育
35.最常看的3種雜誌：《Victoria》生活雜誌、
　　《誠品好讀》

娛樂

36.最常做的休閒活動：睡覺、洗溫泉
37.最常逛街的地方：天母
38.多久看一次電影：只陪小孩看
39.喜歡哪一種音樂：自然樂、古典樂、國樂
40.最欣賞的男星：陳明章

41.最欣賞的女星：萬芳
42.最常看的電視頻道(節目)：大愛電視
43.最喜愛的運動：健身操
44.最愛看的球賽：女子排球(世界)
45.如何看待北京申奧成功：沒意見

旅遊

46.曾經旅遊過的地方最懷念哪兒：佛羅倫斯
47.未來最想去哪裡玩：和家人遊歐洲

48.目前的交通工具：小MARCH

居住

49.身為台北人，最令你驕傲的是：沒
　　有，一點都沒有
50.對於台北發展現況的想法：驕傲的市
　　府帶出驕傲的市民。沒有愛的城市只
　　有有不斷抱怨的市民，還要再好。
51.你覺得這個城市還可以再進步的地
　　方：加強互愛、包容、體諒、讚美
52.推薦一種台北美食：陽春麵
53.推薦一個台北景點：陽明山
54.到台北最要注意的一件事：不要被摩
　　托車嚇死(突然衝出)

55.用一句話形容台北：烏煙瘴氣(人禍天災)
56.用一種顏色形容台北：灰黑
　　理由：人心不平，是非不分
57.對上海的了解：古都、租界印象，美麗的歐式
　　建築物
58.對上海人的印象：錢是第一
59.上海的信息來源：在上海的朋友、電視廣告
60.最想和上海人說的一句話：愛護祖產，為人厚
　　道，不要當二奶
61.最想了解關於上海的問題：台商人人包二奶
　　嗎？

【人物側記】

生活在台北，多數的受訪者常顯現出愛之深責之切的殷殷期待，特別是已經為人父母的煩惱更是深刻。身為一個國小學童的
母親，她的基本擔心就有兒子上學路上的交通、學校裡的營養午餐衛不衛生、書包太重、學費越來越貴等等。如果她是一位
更要求的母親，那她的煩惱還有空氣中的灰塵、電視裡無可拒絕的畫面以及社區裡越來越多的變態人出現。哇，可愛的媽媽
們，快不要憂鬱了！對於這些「進步過程中的必然」，沒有人知道對不對，我們只能試著理解。

[动静皆宜的模范学生]

放学回家的第一件事是：开电脑上网……

個人

1. 姓名：張峄威
2. 生日：1984.2.25
3. 星座：雙魚
4. 身高：176公分　體重：59公斤
5. 教育情況：上海附屬中學（高三）
6. 住在上海：閘北
7. 最喜歡的顏色：藍
8. 最喜歡的動物：狗
9. 最喜歡的水果：草莓
10. 口頭禪：煩啦
11. 宗教信仰：佛
12. 人生座右銘／格言：吃得飽，睡得好
13. 你追求怎樣的生活：平穩
14. 最欣賞的歷史人物／名人：周恩來／外交

學習

15. 最喜愛的學科：數學
16. 最討厭的學科：語文（中）
17. 放學回家後做的第一件事是：開電腦上網
18. 放學後的學習與進修活動：電腦中級
19. 若有免費進修機會，最想學什麼：電腦
20. 是否計劃繼續升學：是，大學
21. 心中未來的志願：電腦工程師
22. 父母對你的期望是：升大學找到好工作
23. 是否使用個人電腦：是

個人電子信箱：kushuainenhaino1@sina.com
常上、推荐網站：新浪網、www.Joyie.com樂樂網
24. 最常看的報紙／版面：新民晚報（體育版）
25. 平均多久逛一次書店：一個月
26. 最常逛的書店是：考試書店（浙江路）－參考書
27. 偏好的書種：數學、物理（理科）
28. 最常看的3種雜誌：《上海電視》、《當代體育》、《NBA雜誌》

愛戀

29. 希望自己幾歲結婚：30歲
30. 理想中愛人的條件：才貌雙全
31. 你認為上海女人的特色：開放、貪
32. 你認為上海男人的特色：顧家、愛耍嘴皮
33. 如果有機會，您會想和對岸台灣人交朋友嗎：會
　　理由：多交流

金錢

34. 目前每月零花錢大約為：200-300元
35. 生活中最大的花費是：打室內籃球（半場15RMB／H）
36. 有儲蓄的習慣嗎？沒有

娛樂

37. 最常做的休閒活動：打籃球
38. 最常逛街的地方：人民廣場
39. 多久看一次電影：很少
　　哪一類：VCD(古裝、科幻)
40. 喜歡哪一種音樂：R&B(周杰倫)
41. 最欣賞的男星：大陸／達達樂隊
　　台灣／鄭伊健
42. 最欣賞的女星：李玟
43. 最常看的電視頻道(節目)：體育頻道
44. 最常聽的廣播頻道(節目)：不聽
45. 最(常做)喜愛的運動：打籃球
46. 最愛看的球賽：籃球(1年2季，11月開始)
47. 如何看待北京申奧成功：很高興

旅遊

48. 曾經旅遊過的地方最懷念哪兒：桂林／美
49. 未來最想去哪裡玩：香港／聽說好玩
50. 使用的交通工具：自行車

居住

51. 身為上海人，最令你驕傲的是：上海的發展
52. 對於上海快速發展你的想法如何：很好
53. 你覺得這個城市(人)還可以再進步的地方：
　　生活素質
54. 推薦一種上海美食：小吃(楊浦五角場)
55. 推薦一個上海景點：橫沙島
56. 到上海最要注意的一件事：不要被騙
57. 用一句話形容上海：發展迅速
58. 用一種顏色形容上海：天藍
59. 對台灣的印象／看法：希望早日回歸祖國
60. 對台北人的印象：沒啥麼印象
61. 對台北的信息來源：電視、新聞、網上
62. 最想和台灣人說的一句話：回來吧!
63. 最想了解關於台灣的問題：喜歡玩什麼

【人物側記】

陳麗和她的朋友帶著我往人民廣場上的噴水池走去，星期天的這裡聽說有各地的青年男女聚集。可愛的少女帶著問卷走向可愛的少男，靦腆的姐姐則在一旁假裝欣賞風景。峄威和他的朋友坐在石牆上休息，遠遠只見陳麗比手劃腳努力說著。"酷帥男孩No.1"的網址顯出他的淘氣，喜歡李玟和聽周杰倫的R&B，顯然台灣的音樂引起他的共鳴。聽說他讀的學校挺優秀挺有名氣，也難怪上海媽媽問我是不是峄威的"麻煩朋友"不是沒有道理的。

你們喝的水會不會很臭?! (∵長江很長……)

個人

1.姓名：梅舒　綽號：爺 (像小丸子的爺)
2.生日：1984.1.27
3.星座：水瓶
4.血型：B
5.身高：178　體重：55
6.籍貫：台北
7.教育情況：高中三年級
8.住在台北：文山區
9.家庭成員：爸、媽、二個姐姐、我
10.最喜歡的顏色：綠色
11.最喜歡的動物：狗
12.最喜歡的水果：芒果
13.口頭禪：媽啦
14.宗教信仰：大都相信
15.人生座右銘／格言：像個男人
16.你追求怎樣的生活：無怨無悔
17.最欣賞的歷史人物／名人：賓拉登(了不起的計劃，過人的勇氣)

學習

18.最喜愛的學科：英文(若有戲劇的話，就是戲劇啦)
19.最討厭的學科：無
20.放學回家後做的第一件事是：打電腦、看電視
21.放學後的學習與進修活動：沒補習，舞台劇
22.興趣與嗜好：舞台表演
23.若有免費進修機會，最想學什麼：心理(了解別人的想法)
24.求學之餘是否打工：是(非固定)
25.是否計劃繼續升學：是(電子、光電)
26.心中未來的志願：活的快樂樂
27.父母對你的期望是：能養活自己，再養他們
28.是否使用個人電腦：是，地址：
　　mansumei@hotmail.com
29.常上／推荐網站：MSN、YAHOO奇摩
30.最常看的報紙／版面：聯合報、自由時報(體育版、電子資訊版)
31.最常逛的書店是：金石堂
32.偏好的書種：幽默小故事、名人甘苦勵志書
33.最常看的3種雜誌：《PCDIY》、《空中英語教室》、《TVBS周刊》

愛戀

34.希望自己幾歲結婚：25-28歲
35.理想中愛人的條件：要是個好人，有一點智慧，互相了解
36.你認為台北女人的特色：養尊處優
37.你認為台北男人的特色：自以為是
38.如果有機會，您會想和對岸大陸人交朋友嗎：是。　理由：朋友不分遠近內外

金錢

39.目前每月零花錢大約為：1500左右
40.生活中最大的花費是：買電腦3萬多，補習
41.有儲蓄的習慣嗎：有

娛樂

42.最常做的休閒活動：看電視、打球
43.最常逛街的地方：學校附近
44.多久看一次電影：1年(頻率)
45.喜歡哪一種音樂：輕音樂(怡情養性)、重搖滾(心情差時)
46.最欣賞的男星：李國修
47.最欣賞的女星：張惠妹
48.最常看的電視頻道(節目)：新聞、體育台(緯來)
49.最常聽的廣播頻道(節目)：飛碟聯播網
50.最喜愛的運動：打球
51.最喜愛的球賽：中華職棒、NBA
52.如何看待北京奧運成功：理所當然，早晚的事

旅遊

53.曾經旅遊過的地方最懷念哪兒：台灣淡水
54.未來最想去哪裡玩：大沙漠
55.目前使用的交通工具：大眾交通工具

居住

56.身為台北人，最令你驕傲的是：生活便利
57.對於台北發展現況你的想法如何：到了頂點，就等著墮落了
58.你覺得這個城市(人)還可以再進步的地方：再多點人情味
59.推薦一種台北美食：蚵仔麵線
60.推薦一個台北景點：淡水日落
61.到台北最要注意的一件事：走路不要撞到別人，否則，吃不完……
62.用一句話形容台北：好的很好，糟的很糟
63.用一種顏色形容台北：藍(穩定但冷酷)
64.對上海的印象：很大、很大、很大
65.對上海人的印象：商機無限
66.對上海的信息來源：電視、雜誌
67.最想和大陸人說的一句話：給我錢
68.最想了解關於上海的問題：你們喝的水會不會很臭？(長江很長……)

【人物側記】

喜歡舞台劇的人果然不會變壞，只會變得不正常！小丸子爺爺的「臉」+賓拉登的「腦」可能的化學變化是什麼？哈！答案可能是像梅舒這樣的無厘「頭」吧？！梅舒、文錫祥、高國欣與鄭匡佑是即將面臨人生第一個挑戰──聯考的高三生。每天的生活除了上課、補習，就是不斷的複習。活潑的四人在丹堤咖啡店耍寶式的一搭一唱也算抒發了他們的情緒。為了了解時下高中男生的愛好，我拜託他們上網咖打連線遊戲時一定要帶著我去，螢幕上我總是最快的消失，他們搖頭嘆息說無能為力。

[舞厅写诗的文艺青年]

有机会很想和台湾女孩谈朋友……

 個人

1.姓名：陳驍（黑貓警長）
2.生日：1980.12.16
3.星座：人馬
4.血型：O型
5.身高：174分分　體重：75公斤
6.教育情況：上海海運學院（國際經濟貿易）大三
7.住在上海：楊浦區
8.最喜歡的顏色：紅、黑、白、紫

9.最喜歡的動物：狗、狼
10.最喜歡的水果：無
11.口頭禪：damit
12.宗教信仰：天主教
13.人生座右銘／格言：我行我素
14.你追求怎樣的生活：自由、旅行
15.最欣賞的歷史人物／名人：隆美爾（二次大戰德國將領－軍事天才）

 學習

16.最喜愛的學科：人文、社科
17.最討厭的學科：理科
18.放學回家後做的第一件事是：洗澡
19.放學後的學習與進修活動：玩
20.興趣／嗜好：上網、唱歌、跳舞
21.若有免費進修機會，最想學什麼：跳舞（爵士、hip-hop、R&B）
22.求學之餘是否打工：是（家教初中，1小時＝17RMB）
23.是否計劃繼續升學：是（本校繼續念研究所2年）
24.心中未來的志願：胸無大志
25.父母對你的期望是：一生平安

26.是否使用個人電腦：是
27.使用個人電子信箱：
　　地址：colour_TV@elong.com
　　常上／推薦網站：elong、The9、myrice
28.最常看的報紙／版面：申報（資訊）、晚報（按順序讀）
29.最常逛的書店是：小書店（復旦大學對面），靠近五角場
30.偏好的書種：動漫、小品、政治、宗教
31.最看的3種雜誌：《動漫時代》、《上海電視》

 愛戀

32.希望自己幾歲結婚：獨身主義（目前）
33.理想中愛人的條件：不俗、有性格、喜歡不吃瓜子的女孩
34.你認為上海女人的特色：時尚、前衛、刁蠻、任性
35.你認為上海男人的特色：溫柔、包容、冷漠、獨善其身

36.如果有機會，您會想和台灣人交朋友嗎：很想
　　理由：女孩很可愛

 金錢

37.目前每月零花錢大約為：500以上
38.生活中最大的花費是：娛樂（KTV、跳舞）

39.有儲蓄的習慣嗎？沒有

 娛樂

40.最常做的休閒活動：睡覺、電腦
41.最常逛街的地方：淮海路
42.多久看一次電影：不看，看VCD（都看）
43.喜歡哪一種音樂：R&B、Hip-Hop
44.最欣賞的男星：阿哲、熊天平
45.最欣賞的女星：大陸／金海心（歌手）
　　台灣／蘇慧倫、樊亦敏、許如芸、王菲

46.最常看的電視頻道（節目）：有線音樂
47.最常聽的廣播頻道（節目）：FM103.7東方廣播音樂台
48.最喜愛的運動：網球、桌球、散步
49.最愛看的球賽：足球
50.如何看待北京申奧成功：無所謂

 旅遊

51.曾經旅遊過的地方最懷念哪兒：無錫(只去過那兒)
52.未來最想去哪裡玩：北歐－喜歡古堡的感覺

53.使用的交通工具：單車

 居住

54.身為上海人，最令你驕傲的是：我是上海人
55.對於上海快速發展你的想法如何：還能再快一點
56.你覺得這個城市（人）還可以再進步的地方：文化素質／生活態度
57.推薦一種上海美食：秀色可餐(用餐心情比吃的東西重要)
58.推薦一個上海景點：濱江大道
59.到上海最要注意的一件事：真誠、客觀(別被表象、人云亦云的說法給迷惑)
60.用一句話形容上海：夢之都(自由，隨你想像)

61.用一種顏色形容上海：紫色
　　理由：神秘、浪漫
62.對台灣的印象：沒去過
63.對台北人的印象：沒接觸過
64.對台北的信息來源：影視、道聽塗說
65.最想和台灣人說的一句話：大家都是中國人，要多互相了解
66.最想了解台灣人什麼事：喜歡交朋友，多認識新朋友

【人物側記】

陳驍是陳麗的筆友。見面的時候，他桌上已經放著一疊詩作和撩人的寫真沙龍。哇！好樣的，果然是有備而來。本來以為他只是個喜歡武文弄墨的文藝青年，天知道他在消費娛樂方面的"學經歷"也不遜多讓於咱們台北人。很難想像他以R&B哼唱「心情十帖」的詩作再搭配爵士舞的畫面……（陳驍，你辦得到嗎？）反應快、思慮敏捷，是少數我接觸的上海青年資訊面較豐富的一位。不知從哪弄來的消息，他竟然也知道台灣女孩很可愛咧！

上海人未來怕不怕和台北一樣?!

個人

1.姓名：劉榮昌
2.生日：1978.6.26
3.血型：A型
4.身高：177.5　體重：85
5.籍貫：台北
6.畢業學校：台灣藝術學院(廣電系)
7.住在台北：三重市

8.最喜歡的顏色：藍
9.最喜歡的動物：沒有
10.最喜歡的水果：除了要削皮的之外
11.人生座右銘／格言：一寸光陰一寸金(因為即將當兵)
12.你追求怎樣的生活：有責任感的自由
13.最欣賞的歷史人物／名人：老、莊子

工作

14.工作單位：SOHO，音樂相關事務、剪接、作曲、混音
15.每天平均工作時間：2~16
16.對目前工作是否滿意：不滿意
17.認為目前工作最大的成就感是：感動別人時，感動自己

18.認為目前工作最大的挑戰是：迎接不同的狀況加以處理
19.未來工作目標：作曲專精
20.生活中最大的開銷：音樂設備、耗材
21.對金錢的態度：當用則用，當花則花

愛戀

22.婚姻狀態：結婚(未婚)
23.你認為一個理想的伴侶應該具備的人格特質：包容、溫柔、開明
24.你認為台北女人的特色：浮華，但懂得經營自己

25.你認為台北男人的特色：懂得打扮，雅痞多，不直接表達喜怒哀樂
26.如果有機會，您會想和對岸的女子交往嗎：想　理由：好奇

學習

27.工作後的學習與進修活動：目前無(之前錄音)
28.是否有個人電腦：有
電子信箱：MD759@sinamail.com
最常上的網站：入口網站
29.若有免費進修機會，最想學什麼：英文

30.最常看的報紙：無
31.最先閱讀的什麼版面：影劇版
32.最常逛的書店：誠品、水準
33.偏好的書種：文學
34.最常買／看的3種雜誌：無

娛樂

35.最常做的休閒活動：看DVD
36.最常逛街的地方：無
37.多久看一次電影：幾乎不
38.喜歡哪一種音樂：全(只有誠意的區別)
39.最欣賞的男星：劉羅鍋、劉青雲、周潤發、梁朝偉

40.最欣賞的女星：王菲、鄧麗君
41.最常看的電視頻道(節目)：Distovery、新聞
42.最常聽的廣播頻道(節目)：Hit FM-ware-music
43.最喜愛的運動：游泳
44.最愛看的球賽：棒球
45.如何看待北京申奧成功：太棒了

旅遊

46.曾經旅遊過的地方最懷念哪兒：無(尚未出現)
47.未來最想去哪裡玩：法國、中國、青康藏、新疆

48.目前使用的交通工具：汽車

居住

49.身為台北人，最令你驕傲的是：讓我想一想
50.對於台北發展現況的想法：人太多，車太多
51.你覺得這個城市還可以再進步的地方：藝術氣氛太薄
52.推薦一種台北美食：板橋南雅夜市的蚵仔煎
53.推薦一個台北景點：淡水漁人碼頭
54.到台北最要注意的一件事：別迷路
55.用一句話形容台北：他媽的

56.用一種顏色形容台北：灰
理由：下班時間來走一趟就知道了
57.對上海的了解：進步，過往和現代並存
58.對上海人的印象：時髦、高水平生活
59.對上海的信息來源：電視(TVBS)
60.最想和上海人說的一句話：我愛祖國
61.最想了解關於上海的問題：怕不怕未來和台北一樣

【人物側記】

阿昌愛唱歌，他的生活重心放在音樂創作。他和他的朋友阿律定期在一個表演空間發表他們的詞曲創作，唱的是清新恬淡的台語小調。聽說去年的納莉颱風把他苦心經營的練團室和鄧麗君歌唱比賽的十幾萬獎金給淹掉了，唉……只好摸摸鼻子，繼續開老爸的計程車賺外快，再兼個賣唱的小差。看起來憨厚的阿昌，緩緩說出來的話卻像是要讓人從椅子上跌落。一句形容台北的話，傳神且精準地抒發了這個世代青年人鬱悶的心情。至於他們的音樂，真的很好聽！

[年轻上进的微笑店长]

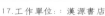
希望再做两年可以自己开一家咖啡馆或Bar。

 個人

1. 姓名：顏仲晶
2. 生日：1981.12.23
3. 星座：山羊
4. 血型：AB
5. 身高：176公分　　體重：65公斤
6. 籍貫：浙江省鎮江縣(老家)
7. 學歷：中華職業學校(餐飲、旅遊)
8. 住在上海：浦東新區
9. 最喜歡的顏色：天藍
10. 最喜歡的動物：小狗
11. 最喜歡的水果：芒果
12. 口頭禪：是嗎
13. 宗教信仰：佛(跟家裏信)，做重要事前會拜一下
14. 人生座右銘／格言：每天一個精彩(比如和作者聊天)
15. 你追求怎樣的生活：自由自在的生活，沒想要結婚，認為結婚很煩
16. 最欣賞的歷史人物／名人：周恩來(善良、關心人民)

 工作

17. 工作單位：漢源書店
18. 職稱：店長
19. 平均工作時間：7小時(PM5-12)目前已做2年，一星期休一天
20. 對目前工作是否滿意：是
21. 未來工作目標：預計再做2年，希望可以自己開一家咖排館或Bar之類
22. 認為目前工作最大的成就感是：當上店長，學會管理、進貨等相關知識
23. 認為目前工作最大的挑戰是：接受老闆的意見與批評
24. 生活中最大的開銷：電話(手機)
25. 對金錢的態度：錢要用在刀口上
26. 投資活動：存錢(銀行)

 愛戀

27. 婚姻狀態：未婚，無固定女友
28. 理想中愛人的條件：漂亮、對你好、外向
29. 你認為上海女人的特色：嗲、愛撒嬌
30. 你認為上海男人的特色：滑頭，喜歡自己
做生意，但常虧，因外地人較努力
31. 如果有機會，您會想和對岸的女子交往嗎：會　理由：台灣女孩講話的語調應該不錯

 旅遊

32. 曾經旅遊過的地方最懷念哪兒：大連(乾淨、道路寬敞、便宜的海鮮)
33. 未來最想去哪裡玩：法國(環境建築風格)看
羅浮宮／四川成都(吃地道辣菜，東西便宜)
34. 交通工具：坐公交車

 學習

35. 工作後的學習與進修活動：沒時間
36. 個人電腦：去網吧
37. 若有免費進修機會，最想學什麼：法語、電腦文書
38. 最常看的報紙／版面：申江報、新民晚報、上海一周、上海星期三(體育版)
39. 多久逛一次書店：店裏就有
40. 偏好的書種：探險類、古埃及、歷史、神秘學
41. 最常買／看的3種雜誌：不太買(報紙像雜誌)

 娛樂

42. 最常做的休閒活動：和朋友逛馬路、睡覺
43. 最常逛街的地方：淮海路、襄陽路
44. 多久到市區一次：就住浦東
45. 多久看一次電影：在家看VCD(電影類都看)、大片才會去電影院(如珍珠港)
46. 喜歡哪一種音樂：R&B
47. 最欣賞的男星：大陸／張藝謀　台港／周杰倫(作詞、作曲棒)
48. 最欣賞的女星：大陸／李湘(主持人)　台港／蕭亞軒(聲音有磁力)
49. 最常看的電視頻道(節目)：MTV(亞洲版)，想看[V]但沒有裝衛星(貴)
50. 最常聽的廣播頻道(節目)：不太聽
51. 最喜愛的運動：足球、籃球
52. 最愛看的球賽：足球(英超聯賽)、NBA只看總決賽
53. 如何看待北京申奧成功：因為早知會成功，所以沒啥特別感覺

居住

54. 身為上海人，最令你驕傲的是：治安很好，人都很滑稽(上海人看滑稽戲)
55. 對於上海快速發展的想法：不希望大樓再蓋了，空屋太多無用，要保留好的舊建築，把錢用在另一方面
56. 你覺得這個城市還可以再進步的地方：多建一些以人為本的東西，喜歡日本產品人性化的設計，以人為本的服務態度、生活
57. 推薦一種上海美食：魚香肉絲(夜排檔)
58. 推薦一個上海景點：浦東陸家嘴中心花園(草地)
59. 到上海最要注意的一件事：沒有需要
60. 用一句話形容上海：可愛的上海
61. 用一種顏色形容上海：灰色　理由：因外灘建築(灰)，市中心(彩)
62. 對台灣的印象：很多摩托車
63. 對台灣人的印象：有禮貌
64. 對台灣的信息來源：電視新聞、MTV
65. 最想和台灣人說的一句話：很想和你們一起玩
66. 最想了解關於台灣的問題：飲食習慣

【人物側記】

漢源書店是知名的攝影師兼收藏家在上海開的一家很有味道的店。店裡的櫥窗有從各地蒐集而來的古董和大量的書供人自由取閱。但最令人愉快的還是店長男孩如春風般和煦的笑臉。才二十的年紀對於工作的想法和思慮就很具體實際。因為比同齡男子擁有更多見識異文化的機會，在許多慕名而來的客人裡，招待過很多台胞的他覺得台灣人講話很有禮貌，特別是女孩子的語調很好聽、很特別。

未來工作的目標是"襄理"的職務！

個人

1.姓名：王彥欽
2.生日：1977.12.23
3.血型：A
4.身高：164　體重：70
5.籍貫：高雄市
6.學歷：中國工商專校(會計科)
7.住在台北：板橋市(埔墘)

8.最喜歡的顏色：螢光綠
9.最喜歡的動物：馬
10.最喜歡的水果：香蕉
11.宗教信仰：佛教
12.人生座右銘／格言：盡力而為
13.你追求怎樣的生活：輕鬆、自在
14.最欣賞的歷史人物／名人：國父(真正的政治家)

工作

15.工作單位：萬泰銀行
　職稱：助理員
16.每天平均工作時間：8~9小時
17.對目前工作是否滿意：尚可
18.認為目前工作最大的成就感是：人際

　關係(認識很多朋友)
19.認為目前工作最大的挑戰是：業績成長
20.未來工作目標：襄理的職務
21.生活中最大的開銷：飲食、通信費(自己＋父親)
22.對金錢的態度：量入為出

愛戀

23.婚姻狀態：單身
24.你認為一個理想的伴侶應該具備的人格特質：
　自主性、善良
25.你認為台北女人的特色：時尚、自主性強

26.你認為台北男人的特色：品味、教育程
　度高
27.如果有機會，您會想和對岸的女子交往
　嗎：尚可

學習

28.工作後的學習與進修活動：否
29.是否有個人電腦：有
　電子信箱：loveaaa2000@yahoo.com.tw
30.若有免費進修機會，最想學什麼：英文
31.最常看的報紙／版面：聯合報(頭條)

32.最常逛的書店：新學友(板橋)
33.偏好的書種：文學、政治、體育
34.最常看的3種雜誌：《TVBS》、《壹周刊》、
　《時報周刊》

娛樂

35.最常做的休閒活動：看電影、旅遊
36.最常逛街的地方：西門町
37.多久看一次電影：一個月
38.喜歡哪一種音樂：流行、古典
39.最欣賞的男星：崔健、劉德華
40.最欣賞的女星：那英、蕭薔

41.最常看的電視頻道(節目)：TVBS、三台、新
　聞、戲劇
42.最常聽的廣播頻道(節目)：飛碟
43.最喜愛的運動：看電影
44.最愛看的球賽：籃球
45.如何看待北京申奧成功：祝福

旅遊

46.曾經旅遊過的地方最懷念哪兒：台東、宜蘭
47.未來最想去哪裡玩：日本、香港、韓國

48.目前的交通工具：機車

居住

49.身為台北人，最令你驕傲的是：自主
　性強、活力、自由
50.對於台北發展現況的想法：應通盤規
　劃，可參考國外
51.你覺得這個城市還可以再進步的地
　方：捷運網、人文建設
52.推薦一種台北美食：臭豆腐
53.推薦一個台北景點：陽明山
54.到台北最要注意的一件事：要有地理
　概念(方向感)

55.用一句話形容台北：進步中帶落後
56.用一種顏色形容台北：黃色
　理由：因為taxi滿街跑
57.對上海的了解：現代進步，有逐漸趕上台北之勢
58.對上海人的印象：貧窮貴公子
59.上海的信息來源：電視、報章
60.最想和上海人說的一句話：不要太拼命
61.最想了解關於上海的問題：1.大樓(最高樓)什麼
　時候完成　2.上海人對北京申奧的看法

【人物側記】

彥欽目前在一家銀行當行員，他目前主要的工作是卡務拓展。常常他得開著公司的小轎車在北部縣市機關、學校附近狩獵。
面對陌生人和變換的天候，確實挑戰性很高，然而遇著可愛美眉的時候卻也很令人雀躍。聽說他未來的工作目標是「襄理」
的職務，那得真的加把勁，努力工作。

[理想創業的書店老闆]

> 我们不应该对抗!
> 应该要友谊!!!!!

 個人

1. 姓名：周勇
2. 生日：1969.2
3. 星座：水瓶
4. 血型：A型
5. 身高：170公分　　體重：56公斤
6. 籍貫：上海市
7. 學歷：交通大學農學院
8. 最喜歡的顏色：黃
9. 最喜歡的動物：老虎
10. 最喜歡的水果：生梨
11. 人生座右銘／格言：事在人為
12. 你追求怎樣的生活：獨立自主的生活

 工作

13. 工作單位：咏文書店
14. 職稱：老闆
15. 平均工作時間：不一定(與母親、妻子輪替)
16. 對目前工作是否滿意：是
17. 認為目前工作最大的成就感是：可以做自己的主人，開創自己的事業
18. 認為目前工作最大的挑戰是：營運收支穩定平衡
19. 未來工作目標：學校、單位與機關的業務拓展
20. 生活中最大的開銷：兒子教育費
21. 對金錢的態度：夠用即可

 愛戀

22. 婚姻狀態：已婚／兒子3歲
23. 你認為維持良好婚姻品質的秘訣是：溝通
24. 你認為一個好的伴侶應該具有最重要的人格特質：主見，堅持自己的原則
25. 你認為上海女人的特色：精明，因見多識廣
26. 你認為上海男人的特色：胸懷大志

 旅遊

27. 曾經旅遊過的地方最懷念哪兒：雲南(麗江、昆明)
28. 未來最想去哪裡玩：西藏
29. 目前使用的交通工具：自行車

 學習

30. 工作後的學習與進修活動：沒有時間，之前自學法律
31. 個人電腦：是
32. 若有免費進修機會，最想學什麼：文學、歷史(教授)、工商管理
33. 最常看的報紙／版面：上海譯報(文藝、國際、國內頭版)
34. 最常逛的書店：華晨(莘莊)、季風書園(南方商城)
35. 偏好的書種：文史哲
36. 最常看的3種雜誌：《新民週刊》、《鳳凰》、《大家》

 娛樂

37. 最常做的休閒活動：健身、慢跑
38. 最常逛街的地方：淮海路、福州路
39. 多久到市區一次：除了進書
40. 多久看一次電影：很少，上海影城(影展)、國泰後面另一電影院(影展)、上海戲劇學院旁(前衛)
41. 喜歡哪一種音樂：爵士樂、輕音樂
42. 最欣賞的男星：崔永然、張學友
43. 最欣賞的女星：林青霞
44. 最常看的電視頻道(節目)：中央2台、東方時空、開心辭典
45. 最常聽的廣播頻道(節目)：相伴到黎明(上海台990)
46. 最喜愛的運動：健身、慢跑
47. 如何看待北京申奧成功：揚眉吐氣

 居住

48. 身為上海人最令你驕傲的是：過去的歷史(30～40年代的舊上海；上海兼容性強，吸收力強)
49. 對於上海快速發展的想法：早該這樣發展了
50. 你覺得這個城市還可以再進步的地方：因為生活條件優越，所以優越感特強
51. 推薦一種上海美食：上海老飯店，吃本幫菜
52. 推薦一個上海景點：淀山湖
53. 到上海最要注意的一件事：被在上海的外地人騙
54. 用一句話形容上海：開放
55. 用一種顏色形容上海：黃色 理由：開放(介於藍紅之間)
56. 對台灣的印象：大雜燴；沒有文化的根，來自(大陸、日本、美國的)
57. 對台灣人的印象：膚淺的台商(部份)、進取心
58. 對台灣的信息來源：電視、報紙、書(龍應台)
59. 最想和台灣人說的一句話：我們不應該對抗，應該要友誼

【人物側記】

在小鎮上騎腳踏車時偶然瞥見一家小書店，細心又有創意的老闆以白細框為底，在門口夾掛了一些似宣傳、似裝飾的書本(我是被《丁丁歷險記》給吸引的)。書店老闆周勇從小就喜歡看書，因為工作不順就想自己搞點小生意。雖然坪數不大，但店裡面的書種倒挺齊全的，文史哲與兒童教育類一樣不少，所選的書很有自己的品味。一個星期至少得騎車到遙遠的市區批三次書的他，創業的路途才正開始；已經跟他買了好幾本書的我，祝福他。

中國人不打中國人!!!

個人

1.姓名：向揚天
2.生日：1969.10.27
3.血型：O
4.身高：175　體重：60
5.籍貫：貴州省正安縣
6.學歷：東吳大學
7.住在台北：北投區

8.最喜歡的顏色：藍、棕
9.最喜歡的動物：只要是動物都喜歡
10.最喜歡的水果：蓮霧、芒果
11.宗教信仰：向氏人生觀
12.你追求怎樣的生活：平凡但偶爾絢爛的生活
13.最欣賞的歷史人物／名人：所有真實人物都不是
　　很欣賞，可能我希望生活在一個完美的大同世界

工作

14.工作單位：挪威森林咖啡館(店長)
15.每天平均工作時間：11個小時
16.對目前工作是否滿意：不甚滿意
17.認為目前工作最大的成就感是：
　　被客人誇讚自己煮的咖啡好喝

18.認為目前工作最大的挑戰是：如何讓店內生意穩定成長
　　而讓老闆滿意，自己又不會太累
19.未來工作目標：找到一份穩定、收入不錯的工作
20.生活中最大的開銷：生活費
21.對金錢的態度：不會特別節省但會存些錢以備不時之需

愛戀

22.婚姻狀態：結婚(未)
23.你認為一個理想的伴侶應該具備的人
　　格特質：只要能互相包容即可
24.你認為台北女人的特色：拜金、勢利
25.你認為台北男人的特色：太專注工

　　作，無生活情趣(連我也是如此)
26.如果有機會，您會想和對岸的女子交往嗎：不想
　　理由：很多想法不一樣，溝通不易，麻煩！
27.你認為維持良好婚姻品質的祕訣是：自愛、互信

學習

28.工作後的學習與進修活動：參加國家
　　考試補習班
29.是否有個人電腦：有
　　電子信箱：verus33@ms64.hinet.net
30.若有免費進修機會最想學什麼：各種
　　投資理財的實務

31.最常看的報紙/版面：自由時報，因為是贈閱(頭版)
32.多久逛一次書店：不一定
33.最常逛的書店：都有
34.偏好的書種：財經
35.最常看的3種雜誌：不常看雜誌，偏財經、音
　　樂、生活資訊的雜誌

娛樂

36.最常做的休閒活動：看電影、看電視
37.最常逛街的地方：不喜歡逛街
38.多久看一次電影：不一定，平均一個月一次
39.喜歡哪一種音樂：都喜歡。較喜歡搖滾、爵士
40.最常看的電視頻道(節目)：ESPN

41.最常聽的廣播頻道(節目)：不聽廣播
42.最喜愛的運動：棒球、籃球、桌球
43.最愛看的球賽：美國職棒
44.如何看待北京申奧成功：希望能圓滿成功

旅遊

45.曾經旅遊過的地方最懷念哪兒：以前
　　曾在國內旅遊，可是好像都沒有懷念
46.未來最想去哪裡玩：去美國亞特蘭大

　　看勇士隊(美國職棒隊伍)打球
47.目前使用的交通工具：摩托車

居住

48.身為台北人，最令你驕傲的是：資訊快
　　速、生活機能方便
49.對於台北發展現況的想法：應該在人文
　　建設上在多花些功夫
50.你覺得這個城市還可以再進步的地方：
　　人民素質還可以再提昇
51.推薦一種台北美食：易牙居
52.推薦一個台北景點：我家後面的貴子坑
　　觀光休閒區聽說不錯，不過我也沒去過
53.到台北最要注意的一件事：臉皮厚一
　　點，因為台北人太冷漠

54.用一句話形容台北：像是有一個長得還不錯的
　　女朋友，但不是太愛她的感覺
55.用一種顏色形容台北：灰色　理由：空氣不好
56.對上海的了解：不太了解，和台北差不多繁榮
57.對上海人的印象：曾經看電視節目報導上海，
　　覺得上海人好像很高傲
58.上海的信息來源：電視、雜誌
59.最想和上海人說的一句話：中國人不打中國人
60.最想了解關於上海的問題：生活機能。譬如：
　　電影院多不多？有沒有7-11便利商店諸如此類
　　的問題

【人物側記】

向哥煮的咖啡很好喝。他說要學會煮咖啡，得先從「洗手」和「拿手」做起(洗杯子的人&拿貨的人)。　這裡的氣氛有時很藍調，有時很爵士，有時又很硬式搖滾。大概是店裡收留太多讓人不知如何是好的客人，他們會在前面坐一排，一邊喝咖啡，一邊輪流講到處聽來的笑話。久了，向哥咖啡煮得越來越好笑，人也長得越來越好喝。啊，不是，是咖啡煮得越來越好喝，人長得越來越咖啡。

[以子为天的专职奶爸]

> 小孩是第一生命,是寄託,希望他能受好教育。

 個人

1. 姓名：談明其
2. 生日：1970.3.19
3. 星座：雙魚座
4. 身高：174公分　　體重：70公斤
5. 學歷：莘庄中學

6. 最喜歡的顏色：白
7. 最喜歡的動物：狗（貼近人性）
8. 最喜歡的水果：蘋果
9. 口頭禪：搗醬糊、shit、神經病、吃炒青菜、13點
10. 人生座右銘/格言：每天要進步

 工作

11. 工作單位：目前在家帶小孩
12. 對目前工作是否滿意：……
13. 未來工作目標：小孩
14. 認為目前工作最大的成就感是：小孩

15. 認為目前工作最大的挑戰是：小孩是生活重心
16. 生活中最大的開銷：小孩教育、吃、穿
17. 對金錢的態度：夠用
18. 投資活動：股票

 愛戀

19. 婚姻狀態：結婚5年,小孩5歲
20. 你認為維持婚姻的秘訣是：小孩是第一生命,是寄託,希望他受好教育

21. 你認為上海女人的特色：放得開,追逐性
22. 你認為上海男人的特色：現實、實際、務實

 旅遊

23. 曾經旅遊過的地方最懷念哪兒：南京
24. 未來最想去哪裡玩：香港、澳門

25. 目前使用的交通工具：自行車

 學習

26. 工作後的學習與進修活動：
27. 若有免費進修機會,最想學什麼：財經金融知識
28. 最常看的報紙/版面：軍事報、新民晚報、體育報、晨報（國家大事）
29. 多久逛一次書店：偶爾,剛開張才去

30. 偏好的書種：人物傳記/毛澤東
31. 最常看的3種雜誌：《大參考》（財經）、《證卷研究》、《故事會》（生活瑣事、愛情）

 娛樂

32. 最常做的休閒活動：小麻將、撲克牌(關牌,大怪路子、鬥地主)
33. 最常逛街的地方：經常去莘西路(看股票行情),喜歡南京路
34. 多久看一次電影：看VCD,借VCD
35. 喜歡哪一種音樂：古典
36. 最欣賞的男星：黎明、任賢齊

37. 最欣賞的女星：台港/王祖賢
38. 最常看的電視頻道：體育台、金融(投資)、新聞(中央1台、4台)
39. 最喜愛的運動：足球
40. 最愛看的球賽：足球刺激
41. 如何看待北京申奧成功：臉上有光采,長期對每個人都有好處

 居住

42. 身為上海人,最令你驕傲的是：沒什麼,有錢驕傲,沒錢沒什麼驕傲
43. 對於上海快速發展的想法：大力發展,投資大,中央有回報,上海占中央收入1/6
44. 你覺得這個城市還可以再進步的地方：人的素質(衣著得體),不要不三不四,自己管自己
45. 推薦一種上海美食：蒜香骨(上海菜)
46. 推薦一個上海景點：淀山湖、外灘、城隍廟
47. 到上海最要注意的一件事：遵守七不規範
48. 用一句話形容上海：繁華都市
49. 用一種顏色形容上海：紅色。理由：吉利
50. 對台灣的印象：沒有香港好,旅遊還可以

51. 對台灣人的印象：小氣、抽煙兇（台商錢花在刀口上,不會亂花錢,但找小姐很大方）
52. 對台灣的信息來源：從電視、晚報、和人交談
53. 最想和台灣人說的一句話：要統一啦！台灣好的制度帶給中國,好的制度相交流,統一可帶動大陸濟,台灣人別再向美國買武器了,浪費錢,給阿扁意見,請不要為自己利益出發,為大局考量
54. 最想了解關於台灣的問題：台灣的瓦斯費、水費、電費怎麼算？

【人物側記】

談先生是上海阿姨的朋友,之前在酒店當了8年的領班,目前在家帶小孩。訪問他的時候,我有一種自己才是受訪者的感覺。由於他原本就對報紙上的台海情勢關注有加,對於我的自投羅網,當然是引發他的好奇與滔滔不絕的評論(果然人如其名啊！)。難得的另類對談,對於他所有的疑問我當然是儘量稟告。唯一考倒我的是"你們台灣的瓦斯費、水費、電費怎麼算？一度多少錢？"啊！被考倒了。只是簡單一問,卻敲醒只會繳帳單的人。

最大的挑戰是
要在不景氣中，突破業績困境。

 個人

1.姓名：蔡宏堅
2.生日：1968.3.31
3.血型：O
4.身高：173　　　體重：85
5.籍貫：浙江省定海縣(台北出生)
6.學歷："Les Roches"瑞士旅館管理學院

7.住在台北：萬華區
8.最喜歡的顏色：藍
9.最喜歡的動物：女人
10.最喜歡的水果：鳳梨
11.人生座右銘／格言：即時行樂
12.你追求怎樣的生活：開心的人生

 工作

13.工作單位：福華飯店
　　職稱：雲彩餐廳廳長
14.每天平均工作時間：10h
15.對目前工作是否滿意：滿意
16.認為目前工作最大的成就感是：推廣
　　並完成自己的餐飲行銷計畫

17.認為目前工作最大的挑戰是：要在不景氣中突
　　破業績困境
18.未來工作目標：希望擴大不同的旅館學習領域
19.生活中最大的開銷：飲食
20.對金錢的態度：夠用即可

 愛戀

21.婚姻狀態：結婚（未）
22.你認為一個理想的伴侶應該具備的人
　　格特質：了解人情世故，溫和待人

23.你認為台北女人的特色：聰明世故
24.你認為台北男人的特色：務實而好色

 學習

25.工作後的學習與進修活動：
26.是否有個人電腦：yes,skyjohn42@hotmail.com
27.最常上的網站：kimo
28.最常看的報紙／版面：中國、聯合、民生(消費版)
29.多久逛一次書店：2天

30.最常逛的書店：金石堂(近)
31.偏好的書種：自我成長、管理
32.最常看的3種雜誌：《商業周刊》、
　　《天下》、《GQ》、《壹周刊》

娛樂

33.最常做的休閒活動：散步
34.最常逛街的地方：東區
35.多久看一次電影：2WEEKS
36.喜歡哪一種音樂：Jazz
37.最欣賞的男星：黃磊、周潤發
38.最欣賞的女星：鞏俐、張曼玉

39.最常看的電視頻道（節目）：HBO(慾望城市)、
　　ESPN體育台
40.最常聽的廣播頻道（節目）：飛碟、中廣音樂
41.最喜愛的運動：仰臥起坐
42.最愛看的球賽：NBA
43.如何看待北京申奧成功：祝福順利成功

旅遊

44.曾經旅遊過的地方最懷念哪兒：巴黎
　　（有特殊的戀情，短暫而激情）

45.未來最想去哪裡玩：西雅圖(聽說不錯)
46.目前使用的交通工具：機車+捷運

居住

47.身為台北人，最令你驕傲的是：知識
　　水平很高
48.對於台北發展現況的想法：混亂、欠
　　缺整體規劃
49.你覺得這個城市還可以再進步的地
　　方：建築、交通
50.推薦一種台北美食：雲采餐廳(東西好
　　吃、服務好)
51.推薦一個台北景點：雲采餐廳(視野好)

52.到台北最要注意的一件事：壞人很多
53.用一句話形容台北：熱情奔放
54.用一種顏色形容台北：紅色　理由：充滿各種
　　可能性
55.對上海的了解：進步迅速
56.對上海人的印象：精明幹練
57.上海的信息來源：平面媒體、電視、客人閒聊
58.最想和上海人說的一句話：善待台灣人
59.最想了解關於上海的問題：就業與居住問題

【人物側記】

說他是全台北市最「高」的飯店經理一點也不為過，因為他工作的地點就在台北地標新光大樓的45層樓。當電梯緩緩昇起，
然後加速上昇達到頂端時，開門就可以看到他歡迎你的光臨。為賓客提供最好的餐飲服務是他的職志與興趣，雖然騰雲駕霧
的代價是偶爾得承受地震的驚嚇和不景氣的業績壓力，但遼闊的視野和遠離塵囂的環境，已羨煞我這個平地市民。

[安于现状的酒店吧台]

希望未来生活可以将
共产主义与资本主义融合。

個人

1. 姓名：郭靜松
2. 生日：1964.10.12
3. 身高：170公分　體重：70公斤
4. 籍貫：安徽省
5. 學歷：徐匯中學
6. 住在上海：閔行區
7. 最喜歡的顏色：深色
8. 最喜歡的動物：現在養鳥，什麼動物都愛

9. 最喜歡的水果：小黄瓜、蕃茄
10. 人生座右銘／格言：希望未來生活可以將共產主義與資本主義融合
11. 你追求怎樣的生活：以前什麼都敢做，現在年紀大了，追求"安定"
12. 最欣賞的歷史人物／名人：成吉思汗"開疆闢域"的精神

工作

13. 工作單位：華閩酒店
14. 職稱：吧台服務人員
15. 平均工作時間：每天4~5小時
16. 對目前工作是否滿意：不滿意
17. 認為目前工作最大的成就感是：沒有
18. 認為目前工作最大的挑戰是：沒有

19. 未來工作目標：一星期買2次彩票，投資2元明天中5百萬，要做生意要有資本
20. 生活中最大的開銷：小孩，96年5月生
21. 對金錢的態度：越多越好
22. 投資活動：彩票(最高紀錄中1000元)

愛戀

23. 你認為維持婚姻的秘訣是：金錢(快、狠、準地說)
24. 你認為一個好的伴侶應該具有最重要的人格特質：重心在孩子身上
25. 你認為上海女人的特色：聰明、頭腦靈活(自古各地人種匯聚，"混血兒"理論)

26. 你認為上海男人的特色：做事細心，不打老婆
27. 對孩子的教育方法：鬆、自由發揮
28. 對孩子的期望：平安長大、不要生病、順其自然

旅遊

29. 曾經旅遊過的地方最懷念哪兒：北平(驕傲的民族感)，故宮、長城等古老建築(自覺偉大)

30. 未來最想去哪裡玩：歐洲
31. 使用的交通工具：自行車

學習

32. 若有免費進修機會，最想學什麼：也沒想學什麼
33. 最常看的報紙／版面：新民晚報(國際新聞、體育版、彩票版)
34. 多久逛一次書店：幫小孩買書才會進

35. 最常逛的書店：家附近
36. 偏好的書種：軍事、武器類
37. 最常買／看的3種雜誌：

娛樂

38. 最常做的休閒活動：以前是打麻將，生了孩子就不打了(經濟條件不允許)
39. 最常逛街的地方：以前淮海路，現在徐家匯
40. 喜歡哪一種音樂：輕音樂
41. 最欣賞的男星：周潤發(上海在'85、'86年也演過上海灘)
42. 最欣賞的女星：林青霞

43. 最常看的電視頻道(節目)：東方台(新聞)、有限體育(足球)
44. 最常聽的廣播頻道(節目)：略
45. 最喜愛的運動：騎自行車
46. 最愛看的球賽：足球
47. 如何看待北京申奧成功：無所謂，希望"上海"申奧成功

居住

48. 身為上海人，最令你驕傲的是：建築多元
49. 對於上海快速發展的想法：對環境有利的公司才來上海，有害的到外地
50. 你覺得這個城市還可以再進步的地方：制度面更公平些，民主一點(官官別再相護)
51. 推薦一種上海美食：南翔小籠
52. 推薦一個上海景點：外灘
53. 到上海最要注意的一件事：公共場所，小心外地小偷
54. 用一句話形容上海：自豪
55. 用一種顏色形容上海：五彩繽紛

　　理由：無論人、活動各方面的發現
56. 對台灣的印象：風景好
57. 對台灣人的印象：不錯(勤勞)，唯有一同學嫁台灣男人會打人
58. 對台灣的信息來源：朋友
59. 最想和台灣人說的一句話：交交朋友吧!希望大家都有好日子過
60. 最想了解關於台灣的問題：希望了解他們對生活的想法

【人物側記】

籍貫安徽的郭大哥在祖父時代便已舉家遷移至上海徐匯，他個人在94年底再遷至莘庄地區。問他追求什麼樣的生活？他笑說自己以前什麼都敢做，現在年紀大了，追求的是安定。阿姨帶我到他工作的華閩酒店去訪問，他一邊切著水果盤，身後偶爾還會有一批批著制服的小姐們悄悄上樓去。後方的舞池今天很冷清，我感覺自己這次訪問的地點很奇異。

可憐的台北男人，
財務壓力大，怕失業又怕離婚……

個人

1.姓名：林章立
2.生日：1961.6.20
3.血型：AB
4.身高：169　體重：68
5.籍貫：台北市
6.學歷：專科
7.住在台北：文山區
8.最喜歡的顏色：黑
9.最喜歡的動物：馬
10.最喜歡的水果：西瓜
11.宗教信仰：道教
12.人生座右銘／格言：做人做事不要做絕，留個轉圜的餘地
13.你追求怎樣的生活：簡單
14.最欣賞的歷史人物／名人：寒山、葛洪(漢)

工作

15.工作單位：家族水電行
　職稱：技術士
16.每天平均工作時間：12H
17.對目前工作是否滿意：過得去
18.認為目前工作最大的成就感是：跟每
位客戶(業者)成為好友
19.認為目前工作最大的挑戰是：怕遇到賴帳的客人
20.未來工作目標：減少勞動量(因為工作量太大)
21.生活中最大的開銷：小孩教育費與稅金
22.對金錢的態度：較無概念

愛戀

23.婚姻狀態：結婚(10)年‧2子
24.你認為一個理想的伴侶應該具備的
　人格特質：精明、幹練
25.你認為台北女人的特色：可憐、現
　實功利、短視
26.你認為台北男人的特色：更可憐、
財務壓力大、怕失業、怕離婚
27.你認為維持良好婚姻品質的祕訣是：容忍、多發
　掘對方的優點、適時拍馬屁
28.對孩子的教育方法：自由發展，因材施教
29.對孩子的期望：好好做人

學習

30.工作後的學習與進修活動：自己看書
　(古籍藥典、內經)
31.是否有個人電腦：是　　最常上的網
　站：查工具與機械類(工作上用)
32.若有免費進修機會，最想學什麼：繪
　畫(素描、水彩...)
33.最常看的報紙/版面：人間福報(有圖片的)
34.多久逛一次書店：缺貨的時候
35.最常逛的書店：滄浪書坊、啟業書局(醫藥書局)
36.偏好的書種：哲學、醫學、美學、機械……很多
37.最常看的3種雜誌：《世界地理雜誌》

娛樂

38.最常做的休閒活動：打坐
39.最常逛街的地方：木柵
40.多久看一次電影：很少
41.喜歡哪一種音樂：台語藝術歌曲、交響樂
42.最欣賞的女星：江蕙
43.最常看的電視頻道(節目)：Discovery、世界地
　理(風俗)
44.最(常做)喜愛的運動：打中國拳、爬樓梯
45.如何看待北京申奧成功：沒意見

旅遊

46.曾經旅遊過的地方最懷念哪兒：非洲
　(原始、簡單)
47.未來最想去哪裡玩：蘇杭(看古橋)
48.目前使用的交通工具：汽、機車

居住

49.身為台北人，最令你驕傲的是：自由
50.對於台北發展現況的想法：沒有
51.你覺得這個城市還可以再進步的地方：人民
　的素質、政府的效率
52.推薦一種台北美食：魯肉飯
53.推薦一個台北景點：動物園
54.到台北最要注意的一件事：小心車子被拖吊
55.用一句話形容台北：亂中有序
56.用一種顏色形容台北：灰色　理由：空氣
　品質不良
57.對上海的了解：是個奇妙的都市
58.對上海人的印象：圓滑、精明(三通教室
　裡的夏老師)
59.上海的信息來源：猜測
60.最想和上海人說的一句話：無話可說
61.最想了解關於上海的問題：沒有

【人物側記】

身為長子的林大哥繼承小鎮上的家族水電行，確實的服務廣受鄰里嘉許。雖然是粗重的活動，卻不影響他打扮自己的心情。
有時頭頂牛仔帽、有時是誇張的紅T恤，或是一雙造型特殊的馬靴或功夫鞋。工作之餘喜歡研究易經並且拿它來破解樂透
謎，沒事還會自修武術、練拳打坐搬太極。針灸推拿毫不吃力，誰說水電生涯只是燈泡、管線和螺絲釘！

[来自大后方的甜姐儿]

> 上海男人脂粉味重，阳刚气太少！

個人

1.姓名：吳洁(小妹、笑笑)
2.生日：1980.11.7
3.星座：天蠍座
4.身高：160公分　體重：50公斤
5.籍貫：四川省重慶云陽
6.教育情況：上海海運學院(國際經濟貿易大三生)
7.住在上海的時間：三年
8.住在上海的理由：求學
9.家庭成員：爸爸、媽媽、我

10.最喜歡的顏色：黃色
11.最喜歡的動物：螢火蟲
12.最喜歡的水果：草莓
13.口頭禪：笑死我了
14.人生座右銘／格言：天生我材必有用
15.你追求怎樣的生活：快快樂樂，開心就好
16.最欣賞的歷史人物／名人：康熙(讀余秋雨的《一個王朝的背影》後產生的)

學習

17.最喜愛的學科：中文
18.最討厭的學科：物理
19.放學回家後做的第一件事是：大叫一聲"我回來了"
20.放學後的學習與進修活動：電腦中級
21.興趣／嗜好：看書、聽音樂、登山
22.若有免費進修機會，最想學什麼：新聞
23.求學之餘是否打工：較少
24.是否計劃繼續升學：有
25.心中未來的志願：做自己感興趣的事
26.父母對你的期望是：只要我自己盡力他們就滿意了
27.是否使用個人電腦：否

個人電子信箱：地址：wujie0146@sina.com

28.常上／推荐網站：新浪、中國人
29.最常看的報紙／版面：青年報(無特別偏好)
30.最常逛的書店是：上海書城
31.偏好的書種：小說(武俠)、新聞記者的書(如《我從戰場上歸來》)
32.最常看的3種雜誌：《新體育》、《青年博覽》

愛戀

33.希望自己幾歲結婚：沒想過
34.理想中愛人的條件：現在還不知道
35.你認為上海女人的特色：漂亮
36.你認為上海男人的特色：脂粉味重，陽剛氣太少
37.如果有機會，您會想和對岸台灣人交朋友嗎：是
　　理由：沒限制

金錢

38.目前每月零花錢大約為：記不清(不過我絕對算節約的，少得記不清)
39.生活中最大的花費是：學費
40.有儲蓄的習慣嗎：有

娛樂

41.最常做的休閒活動：看書
42.最常逛街的地方：香港名店街
43.多久看一次電影：較少
44.喜歡哪一種音樂：輕快活潑
45.最常看的電視頻道（節目）：體育頻道
46.最喜愛的運動：登山
47.最愛看的球賽：乒乓球賽
48.最欣賞的男星：大陸／孔令輝(乒乓國手)
49.如何看待北京申奧成功：別光顧著樂，重要的是好好辦，好戲還在後頭呢

旅遊

50.最想念家鄉的：親人　家鄉名產：火鍋
51.曾經旅遊過的地方最懷念哪兒：北京(名勝古蹟特多，冬天的雪)
52.未來最想去哪裡玩：周遊世界，去宇宙外看看
53.目前你使用的交通工具：自行車

居住

54.對於上海快速發展你的想法如何：驕傲
55.你覺得這個城市(人)還可以再進步的地方：人口素質
56.推薦一種上海美食：都不喜歡，重慶美食最多
57.推薦一個上海景點：城隍廟、外灘
58.到上海最要注意的一件事：說普通話
59.用一句話形容上海：繁華，繁華得讓我不喜歡
60.用一種顏色形容上海：深白色

　　理由：張愛玲小說
61.對台灣的印象：美，想看看日月潭
62.對台北人的印象：沒有太深刻印象
63.對台北的信息來源：電視、報紙
64.最想和台灣人說的一句話：我們是一家人，相親相愛的一家人
65.最想了解關於台灣的問題：統一(一個國家還是要完整)

【人物側記】

吳洁等一群外地學生是特別商請本地人代表陳驍同學引荐的(謝謝黑貓警長)。這一群人分別是從湖北、四川、廣東、浙江、山東和福建來的，再加上陳驍的江蘇和我這個台灣人，恰巧是"八國聯軍"。縱使上海美食遠近馳名，彆扭的吳洁還是最鍾情家鄉母親的"魚香肉絲"。　她總是掛著甜笑，也不排斥與台灣青年談朋友，嘿嘿嘿……有陽剛氣又會做魚香肉絲的你，注意啦！

台北女人落落大方，物質追求甚盛……

1.姓名：連姿媚(A-mei)
2.生日：1980.11.4
3.星座：天蠍座
4.血型：O
5.身高：160cm　體重：47kg
6.籍貫：臺灣省台南縣柳營
7.教育情況：政治大學二年級
8.住在台北的時間：3年

9.住在台北的理由：求學
10.家庭成員：父、母、弟、妹
11.最喜歡的顏色：白色
12.最喜歡的動物：兔子
13.最喜歡的水果：西瓜
14.宗教信仰：民間信仰(家裡供奉關公)
15.你追求怎樣的生活：隨心所欲，卻又不是放縱
16.最欣賞的歷史人物／名人：林肯(解放黑奴)

 個人

17.最喜愛的學科：數學
18.最討厭的學科：歷史
19.放學回家後做的第一件事是：看報紙(宿舍訂的)
20.放學後的學習與進修活動：看書(沒補習)
21.興趣／嗜好：看散文、看電視
22.若有免費進修機會，最想學什麼：英文
23.求學之餘是否打工：是(中文系電腦教室)
24.是否計劃繼續升學：是(教育研究法)

25.心中未來的志願：老師
26.父母對你的期望是：事業有成
27.是否使用個人電腦：是
　地址：u9101060@m1.cc.nccu.edu.tw
28.常上／推荐網站：政大網頁
29.最常看的報紙/版面：自由時報(娛樂新聞版)
30.最常逛的書店是：政大書城
31.偏好的書種：散文、小說(ex.朱天心)
32.最常買的3種雜誌：無，去書城翻(服裝、娛樂)

 學習

33.希望自己幾歲結婚：28歲以後
34.理想中愛人的條件：
　像我的知心朋友，很了解我
35.你認為台北女人的特色：優點，落落大方；缺點，物質追求甚盛

36.你認為台北男人的特色：優點素質高；缺點眼光淺薄
37.如果有機會，您會想和對岸大陸人談朋友嗎：會
　理由：我是很喜歡交朋友的人，希望認識更多人，幫助我擴展知識的領域

 愛戀

38.目前每月零花錢大約為：4000元
39.生活中最大的花費是：平常飲食、買電腦

40.有儲蓄的習慣嗎：有

 金錢

41.最常做的休閒活動：看書
42.最常逛街的地方：台北火車站附近(重慶南路)
43.多久看一次電影：不一定
44.喜歡哪一種音樂：流行音樂
45.最欣賞的男星：李連杰
46.最欣賞的女星：王菲、劉若英

47.最常看的電視頻道(節目)：TVBS-G娛樂新聞
48.最常聽的廣播頻道(節目)：中廣流行網
49.最喜愛的運動：無(只有上體育課)
50.如何看待北京申奧成功：申奧成功是晉身國際的表現

 娛樂

51.最想念家鄉的：鄉情　家鄉名產：棺材板
52.曾經旅遊過的地方最懷念哪兒：金門(第一次坐飛機，大一歷史課做報告，人很親切、空間寬敞)
53.未來最想去哪裡玩：歐洲
54.你使用的交通工具：公車

 旅遊

55.對於台北發展現況你的想法如何：我認為台北資訊很發達，而且是一個政治、文化型的都市
56.你覺得這個城市(人)還可以再進步的地方：公德心
57.推薦一種台北美食：滷味
58.推薦一個台北景點：烏來
59.到台北最要注意的一件事：交通安全(車太多，公車司機開車缺公德心)

60.用一句話形容台北：燈紅酒綠、車水馬龍
61.用一種顏色形容台北：紅　理由：燈紅酒綠
62.對上海的印象：繁榮，如台北一樣高樓林立
63.對上海人的印象：和台北人一樣，生活品質好，素質高
64.對上海的信息來源：書上、電視
65.最想和大陸人說的一句話：身在大陸的繁榮地區，是一大幸福之事，但是，千萬不要遺失生命的目標
66.最想了解關於上海的問題：青年就業及升學

居住

【人物側記】

和姿媚約在她學校裡打工的電腦教室內，爬了一段斜坡才抵達中文系大樓。因為假日的關係，整間教室空蕩蕩的；她就坐在最後方，一邊工作一邊寫著即將繳交的什麼報告。關心教育的她，未來的志願是當老師，她認為這個職業可以兼顧家庭，同時也能滿足家鄉父母的期望。和多數受訪者的好奇不同，姿媚最想了解關於上海的問題是青年的就業與升學。

[纯真善良的南京美女]

> 好想和你们抱在一起……

一座真正事的花園 一家有品味的酒店

孔家花園

地　　址：冠平南路336號
訂座電話：64683159 免費停車

個人

1. 姓名：胡艷
2. 生日：1977.6.10(陰)
3. 星座：雙子
4. 身高：158公分　體重：48公斤
5. 籍貫：江蘇南京市
6. 學歷：普通職業業高中
7. 住在上海的時間：3年
8. 住在上海的理由：工作(因為男友在上海工作)
9. 最喜歡的顏色：紅、白
10. 最喜歡的動物：小貓
11. 最喜歡的水果：西瓜、葡萄
12. 口頭禪：天啊！
13. 人生座右銘／格言：這是一句普通的語言，願你當作人生的歌唱過去與來
14. 你追求怎樣的生活：追求平凡真誠的生活
15. 最欣賞的歷史人物／名人：司馬彥(近代書法家)說"生命是一種力量，也是一種創造，在許多的時候，只有當人們真誠的去熱愛自己的生命，才能夠活出平凡人生的不平凡與美好！"

工作

16. 工作單位：徐匯區，孔家花園
17. 職稱：打工
18. 平均工作時間：早上10:00～晚上10:00(12h)
19. 對目前工作是否滿意：雖無奈，但只是暫時的，想自己開店(五金店)，年底吧！
20. 未來工作目標：我會去發展自己的前途，不管會有多少挫折，終究讓自己充實
21. 目前工作最大的成就感是：服務好了，叔叔、阿姨給我點小報酬
22. 目前工作最大的挑戰是：往往工作過程中很出色，有很多女嫉妒，我自己往往左右為難
23. 目前每月待遇大約為：600~700元
24. 生活中最大的開銷：一個月最多為400元(房租330，買東西)
25. 對金錢的態度：金錢是吸引人，但人的自尊最重要
26. 投資活動：大的投資與貢獻沒有過，但往往看到路邊比較可憐的人會發自內心的憐惜，給她(他)們1元、2元。

愛戀

27. 婚姻狀態：7月訂婚(2001)，對我的未婚夫很是滿意
28. 你認為維持婚姻的秘訣是：相互體諒，只要真心付出總會感動你的另一伴
29. 你認為一個好的伴侶應該具有最重要的人格特質：忠厚、誠實、素質好、尊老愛幼
30. 你認為上海女人的特色：上海女人(服裝款式更迭頻繁)，辭舊迎新，虛榮心很強
31. 你認為上海男人的特色：上海男人瞧不起外地人，程度不如上海女人。
32. 如果有機會，您會想和對岸的人交往嗎：看是怎樣的一個人了，如果是很不錯的(素質及各方面)我願去交往

旅遊

33. 最懷念家鄉的：媽媽
　　家鄉的名產：媽媽包的餃子
34. 曾經旅遊過的地方最懷念哪兒：寧波
35. 未來最想去哪裡玩：桂林山水甲天下
36. 目前使用的交通工具：自行車

學習

37. 工作後的學習與進修活動：聽聽音樂，和朋友出去聊聊天
38. 個人電腦：剛學會初步
39. 若有免費進修機會，最想學什麼：最想學好電腦或學好黃梅戲
40. 最常看的報紙／版面：揚子晚報(在南京)
41. 最常逛的書店：易初蓮花
42. 偏好的書種：演講與口才(勵志)
43. 最常看的3種雜誌：《演講與口才》、《女友》、《家庭生活》

娛樂

44. 最常做的休閒活動：唱歌、跳舞(在家中)
45. 最常逛街的地方：輕緩市場(輕緩,體育場附近)
46. 多久到市區一次：今天第一次
47. 多久看一次電影：自從離開學校，幾乎沒有
48. 喜歡哪一種音樂：黃梅戲
49. 最欣賞的男星：張學友
50. 最欣賞的女星：林憶蓮
51. 最常看的電視頻道（節目）：音樂頻道、電視連續劇
52. 最喜愛的運動：唱歌、多做事
53. 如何看待北京申奧成功：天天上班沒感覺

居住

54. 對於上海快速發展的想法：個人(私人)老闆越來越多，多數發生在開發比較快的地方
55. 你覺得這個城市還可以再進步的地方：每天工作很累，想的事太多，有太多別的事要煩惱
56. 推薦一種上海美食：撒鹽豬手
57. 推薦一個上海景點：城隍廟
58. 到上海最要注意的一件事：阿姨們對外地人的態度
59. 用一句話形容上海：將心比心
60. 用一種顏色形容上海：咖啡色
61. 對台灣的印象：略
62. 對台灣人的印象：略
63. 對台灣的信息來源：略
64. 最想和台灣人說的一句話：想和你們抱在一起
65. 最想了解關於台灣的問題：你們是想念我們？想不想和我們抱在一起

【人物側記】

胡艷，是在一次與台灣朋友聚會的餐廳裡頭認識的服務生。她熱忱的服務與清新溫婉的態度，讓同桌的人都享用了愉快的一餐。或許是所謂的「投緣」，我們又約定了下一次的約會，在短暫的會面裡，難得地我對所謂外地到上海工作的打工族群有了一次近距離的聊天相處。令我難以想像的是，已在徐匯區生活近三年了，她今天卻是頭一回到市中心來。她談工作、談家鄉、談上海，也談即將婚嫁的青梅竹馬的男友……很想念她，不知道她現在是否已回南京開了五金店，生寶寶了沒有？

到台北不要亂花錢 !!

個人

1.姓名：劉靜君　綽號：A-mei
2.生日：1978.02.06
3.星座：雙魚座
4.血型：O
5.籍貫：高雄縣
6.教育情況：台南女子技術學院
7.住在台北的時間：2年

8.住在台北的理由：工作求發展
9.最喜歡的顏色：水藍色
10.最喜歡的動物：無尾熊
11.最喜歡的水果：西瓜、蓮霧
12.座右銘：對自己有自信
13.最欣賞的歷史人物／名人：蔣經國(和藹可親)

工作

14.工作單位:香港商坤思
15.職稱：售貨員
16.平均工作時間：8h
17.對目前工作是否滿意：還可以
18.認為目前工作最大的成就感：學習到
　彩妝、保養知識、了解人性

19.認為目前工作最大的挑戰是：人際溝通、客
　戶服務
20.未來工作目標：專業的流行工作者
21.生活中最大的開銷：購物
22.對金錢的態度：該用則用
23.投資活動：基金

愛戀

24.希望自己幾歲結婚：28歲
25.理想中愛人的條件：懂得尊重、善於溝通
26.你認為台北女人的特色：衝勁十足、自主
　性強

27.你認為台北男人的特色：不切實際、缺乏目標
28.如果有機會，您會想和對岸大陸人談朋友嗎：
　不會(不考慮，生活習慣不同)

學習

29.工作後的學習與進修活動：日本
30.個人電腦：無
31.若有免費進修機會最想學什麼：專業服裝知識
32.最常看的報紙/版面：民生報(生活)

33.最常逛的書店：誠品
34.偏好的書種：時尚、點心類
35.最常看的3種雜誌：日文版《Vogue》、
　《CanCan》、《fashion news》

娛樂

36.最常做的休閒活動：shopping
37.最常逛街的地方：台北東區、中山北
　路天母
38.喜歡哪一種音樂：抒情、搖滾
39.最欣賞的男星：許志安、布萊德彼特

40.最欣賞的女星：鄭秀文、梅格萊恩
41.最常看的電視頻道(節目)：電影、流行時尚
42.最常聽的廣播頻道(節目)：ICRT
43.最喜愛的運動：羽毛球
44.如何看待北京申奧成功：政治力強大

旅遊

45.最想念家鄉的：媽媽的料理
　家鄉名產：10元珍珠奶茶
46.曾經旅遊過的地方最懷念哪兒：溫哥華

47.未來最想去哪裡玩：法國、日本
48.你目前使用的交通工具：摩托車

居住

49.對於台北發展現況你的想法如何：資訊便
　利的地方
50.你覺得這個城市(人)還可以再進步的地
　方：空氣太糟
51.推薦一種台北美食：麻辣火鍋
52.推薦一個台北景點：九份
53.到台北最要注意的一件事：不要亂花錢…

54.用一句話形容台北：購物天堂
55.用一種顏色形容台北：紫色(有冷有熱)
56.對上海的印象：繁榮的城市
57.對上海人的印象：比台北保守一點
58.對上海的信息來源：電視、朋友
59.最想和大陸人說的一句話：和平相處
60.最想了解關於上海的問題：休閒娛樂

【人物側記】

靜君在台北最具流行指標意義的遠企大樓裡上班，銷售時下最受年輕女孩歡迎的彩妝保養品。亮麗而時髦的妝扮總是走在潮流的尖端，一如多數在台北工作的外縣市女子，其實是比台北女生更著重、也懂得打扮的。她目前正積極準備赴日進修服裝設計，由於先前在溫哥華短期遊學的關係而認識了現在的日本男友，再加上有兩位日本室友的關係，日文程度可說突飛猛進。未來希望成為一位專業流行工作者的靜君正加速朝目標邁進！

[忧国忧民的时代青年]

我觉得台湾的农村还很"封建"。

個人

1. 姓名：唐樹光(唐老鴨)
2. 生日：1980.1.30
3. 星座：水瓶座
4. 身高：175公分　體重：65公斤
5. 籍貫：廣東省清遠市
6. 教育情況：大學
7. 住在上海的時間：3年
8. 住在上海的理由：讀大學
9. 最喜歡的顏色：藍色
10. 最喜歡的動物：熊貓
11. 最喜歡的水果：葡萄
12. 口頭禪：無德不仁、不信不立
13. 人生座右銘／格言：千磨萬難還堅勁、任你東西南北風
14. 你追求怎樣的生活：和平、安逸、自然
15. 最欣賞的歷史人物：毛澤東、曾國藩(自己成功還使別人成功)

學習

16. 最喜愛的學科：文學、自然科學、哲學
17. 最討厭的學科：無
18. 放學回家後做的第一件事是：躺下考慮問題(反省)
19. 放學後的學習與進修活動：學電腦、外語(英)
20. 興趣／嗜好：琴棋書畫、打球、讀書(課外)
21. 若有免費進修機會，最想學什麼：有益祖國繁榮富強的任何本領
22. 求學之餘是否打工：是(家教，1小時=17~18元)
23. 是否計劃繼續升學：是，畢業後先工作一、二年再念研究所(工作時才決定)
24. 心中未來的志願：做一名利國利民的企業家
25. 父母對你的期望是：做一名成功的男人
26. 是否使用個人電腦：是
    地址：www.chinaren@Treelight
27. 常上／推荐網站：Sina、163、chinaren
28. 最常看的報紙／版面：參考消息、環球時報(政治版)
29. 最常逛的書店是：新華書店
30. 偏好的書種：人生哲理、抒情散文
31. 最常看的3種雜誌：《讀者》、《南風窗本》、《演講與口才》

愛戀

32. 希望自己幾歲結婚：30歲
33. 理想中愛人的條件：古典的中國婦女(溫柔、嫻淑、婦德)
34. 你認為上海女人的特色／(優缺點)：精打細數
35. 你認為上海男人的特色／(優缺點)：過於溫柔，沒有東北的豪爽，也沒南方的圓滑
36. 如果有機會，您會想和對岸(台灣)人交朋友嗎：會　理由：有利於祖國統一

金錢

37. 目前每月零花錢大約為：600元
38. 生活中最大的花費是：買書和日常生活用品
39. 有儲蓄的習慣嗎：有

娛樂

40. 最常做的休閒活動：打球
41. 最常逛街的地方：浦東、天河(廣東)
42. 多久看一次電影：半年
43. 喜歡哪一種音樂：民族音樂
44. 最常看的電視頻道(節目)：中央電視台1台(新聞為主)
45. 最常聽的廣播頻道(節目)：中央電視台(文藝調頻)，一周七天內容皆不同
46. 最喜愛的運動：跑步
47. 最愛看的球賽：國球(乒乓球)
48. 如何看待北京申奧成功：做為一名中國人而感到自豪

旅遊

49. 最懷念家鄉：天然的景色　家鄉的名產：棗子、黃精
50. 曾經旅遊過的地方最懷念哪兒：杭州、蘇州
51. 未來最想去哪裡玩：世界各地
52. 你使用的交通工具：自行車

居住

53. 對於上海快速發展你的想法如何：感覺很好
54. 你覺得這個城市（人）還可以再進步的地方：教育
55. 推薦一種上海美食：無，廣東-小吃多
56. 推薦一個上海景點：外灘
57. 到上海最需要注意的一件事：政通人和
58. 用一句話形容上海：發展快
59. 用一種顏色形容上海：綠　理由：綠化很好
60. 對台灣的印象看法：覺得台灣的農村還很封建
61. 對台北人的印象：不知道
62. 對台北的信息來源：電視
63. 最想和台灣人說的一句話：回來吧
64. 最想了解關於台灣的問題：與中國有關係的都想知道。1.台灣對大陸的了解；2.有利於兩岸統一的

【人物側記】

真的認識了一位在"楊家將"和"七俠五義"等古劇裡才會出現的正義之士；原來這年頭真的還是有"以國家興亡為己任"的年輕人。我是有一點誇張，但是真的很感動。特別在他說到自己放學回家後做的第一件事是躺下來"反省"時，我這個躺下來睡覺的人真的不知該說什麼了。看看以上這些簡要的採訪記錄，我們約略可以還原一個時代青年的原始面貌。唯一比較陌生的是"封建"這個詞，記得上一次看到它是在國中的歷史課本裡。關於台灣農村是否封建這部份，應該由隔壁的朝群同學來解答最有說服力。

> 台北很不錯了，只是車好多……

 個人

1.姓名：黃朝群(蝸牛、不死鳥、大便)
2.生日：1981.12.23
3.星座：魔羯
4.血型：A
5.身高：165　體重：57
6.籍貫：台灣彰化縣花壇鄉
7.教育情況：師範大學大學(數學三)
8.住在台北的時間：3年

9.住在台北的理由：求學
10.最喜歡的顏色：淡色、黃色的
11.最喜歡的動物：小孩子
12.最喜歡的水果：芭樂
13.口頭禪：我很生氣、我很難過
14.人生座右銘／格言：隨時隨地、能力內、儘量進步
15.你追求怎樣的生活：隨意進步
16.最欣賞的歷史人物：蘇東坡(生活態度、思想)

 學習

17.最喜愛的學科：國文、數學
18.最討厭的學科：還好(只有讀不好，沒有討厭)
19.放學回家後做的第一件事是：和室友聊天、休息
20.放學後的學習與進修活動：讀書、打籃球
21.興趣／嗜好：打球、吉他、讀課外書
22.若有免費進修機會，最想學什麼：團體(情感凝聚……向心力)
23.求學之餘是否打工：是(家教，1小時=500元左右)

24.是否計劃繼續升學：是(國內研究所)
25.心中未來的志願：老師
26.父母對你的期望是：過得快樂舒服
27.是否使用個人電腦：是
　　信箱地址：s40029@cc.ntnu.edu.tw
28.最常看的報紙/版面：kimo電子新聞(標題)
29.最常逛的書店是：金石堂
30.偏好的書種：文學(散文)張曼娟

 愛戀

31.希望自己幾歲結婚：還好，該結的時候就會結
32.理想中愛人的條件：能陪彼此做想做的事，互相學習成長
33.你認為台北女人的特色：比較獨立、敢講

34.你認為台北男人的特色：自信、獨立
35.如果有機會，您會想和對岸大陸人交朋友嗎：想(和人多認識不錯,而且環境不同)

 金錢

36.目前每月零花錢大約為：4000
37.生活中最大的花費是：機車、書費

38.有儲蓄的習慣嗎：有

 娛樂

39.最常做的休閒活動：guitar，talk，看書
40.最常逛街的地方：公館
41.多久看一次電影：好久
42.喜歡哪一種音樂：有活力不吵、安靜不想睡
43.最欣賞的男星：伍佰

44.最常看的電視頻道(節目)：新聞、日劇、單元劇
45.最常聽的廣播頻道(節目)：音樂、光禹
46.最喜愛的運動：basketball
47.最愛看的球賽：basketbsll
48.如何看待北京申奧成功：加油、支持

 旅遊

49.最想念家鄉的：舊家後院　家鄉名產：楊桃
50.曾經旅遊過的地方最懷念哪兒：陽明山

51.未來最想去哪裡玩：歐洲
52.你使用的交通工具：機車

 居住

53.對於台北發展現況你的想法如何：很不錯了，可是車好多
54.你覺得這個城市(人)還可以再進步的地方：騎車多禮讓
55.推薦一種台北美食：香腸
56.推薦一個台北景點：九份
57.到台北最要注意的一件事：騎車小心

58.用一句話形容台北：匆忙
59.用一種顏色形容台北：淡藍　理由：happy
60.對上海的印象／看法：經濟進步的都市，有歷史
61.對上海人的印象：義氣(上海灘電視劇)
62.對上海的信息來源：電視
63.最想和大陸人說的一句話：你好，聊聊天吧
64.最想了解關於上海的問題：人文

【人物側記】

高效率的表妹一口氣找來班上約莫十位受訪者(謝謝靈之)，感動之餘趕緊將隨身「零嘴」奉上。朝群帶著陽光般的口吻說最懷念彰化舊家後院的廟場和活動場，他說那是小時候打架和偷蕃薯的地方(還有初戀)。這讓我也想起屬於自己的「家鄉味」，那就是小時候回秀朗外婆家前一定會先經過的豬圈，每次聞到撲鼻而來的「香味」，就知道外婆家已不遠。氣味之於情感實在微妙。懷念也罷悵然也好，好歹小時候在鄉下「打打殺殺」的經驗，提供了他今日擔當營隊統籌和學校重要活動所需要的養分與能量。

[浸淫古玩的历史教授]

> 我的灵魂深处很忧郁，
> 因为中年时期浪废了……

 個人

1. 姓名：蔣公杰(不理解父親為何取此名，只知是正氣的名字，大公無私)
2. 生日：1934.5.30
3. 籍貫：江蘇省江陰市，出生蘇州，3歲與父親一起到上海，復旦大學歷史系畢業，60年代到江西大學教書
4. 家庭成員：自己、太太、2個兒子、1個女兒
5. 住在上海的時間：約40年
6. 住在上海哪一區：虹口區(年底搬到常寧區)
7. 最喜歡吃：辣椒炒豆干
8. 宗教信仰：相信人生死有定數，無宗教信仰(小時接觸基督教)
9. 人生座右銘／格言：誠信
10. 現在什麼事會讓你最高興：女兒在美國工作，幫自己用70萬買了一棟房子
11. 最欣賞的歷史人物／名人：中國—唐太宗；美國—羅斯福(有政治手腕)

 工作

12. 目前是否工作：除了旅遊，每天都到店裡
13. 工作單位：古今堂古玩
14. 平均工作時間：9:00~7:00，吃飯在城隍廟附近解決，不挑食，想吃什麼就吃
15. 對目前工作是否滿意：算中上了
16. 認為目前工作最大的成就感是：能將所學的歷史專業和工作相結合(理論與實際應用)
17. 認為目前工作最大的挑戰是：市場競爭、偽品太多(難以避免)
18. 目前生活收入來源大約是：旺季10000元；淡季7000~8000元
19. 生活中最大的開銷：房租＋稅收＋請人幫忙3000元

 愛戀

20. 結婚幾年：大學至今
21. 你認為維持良好婚姻品質的秘訣是：忍讓
22. 你認為上海女人的特色：妻管嚴，女人掌家，妻子有退休工資，偶爾自己會買小禮物送她，各自擁有生活空間
23. 你認為上海男人的特色：取決於其經濟收入，下崗工人(没本領者没聲音)
24. 您會反對讓子孫和對岸人交往嗎：沒問題 理由：年輕人接受就好
25. 對子孫的期望：安身立命

 旅遊

26. 家鄉特產：河豚魚(拼死吃河豚)
27. 曾經旅遊過的地方最懷念哪兒：長江三峽(氣魄)
28. 未來最想去哪裡玩：美國、法國

學習

29. 工作後的學習與進修活動：打算和澳大利亞人合作編輯中國近幾百年來的土地檔案資料
30. 最常看的報紙：新民晚報、人民日報
31. 偏好的書種：跟目前工作有關，能產生效益

 娛樂

32. 最常逛街的地方：家附近
33. 喜歡哪一種音樂／戲曲：外國電影
34. 最欣賞的明星：男-孫道臨(老演員)；女-秦怡(心目中中國標準女性代表演員)
35. 最常看的電視頻道(節目)：東方電視台，跟著太太看，大宅門、歷史劇
36. 最常聽的廣播頻道(節目)：邊聽新聞邊工作(早晨)
37. 最喜愛的運動：練拳、逛馬路
38. 如何看待北京申奧成功：共產黨(江澤民)這件事做得很成功

居住

39. 身為上海人，最令你驕傲的是：靈活、太計較(和經濟收入有關)，大氣不起來
40. 對於上海快速發展的想法：是好事，但不平衡(內地人一窩人到上海來)，中國問題就是一窩蜂
41. 你覺得這個城市還可以再進步的地方：官方腐敗(有權－有勢－有錢)，經濟條件好，相對素質提高，中國難題，人口太多
42. 推薦一種上海美食：杭州菜(淡、素)＋廣東菜(生、辣)
43. 推薦一個上海景點：徐匯區(環境幽美)、衡山路
44. 到上海最要注意的一件事：人與人的關係，和上海人打交道(有判別能力)話不要嘸哩八唆，語音簡明
45. 用一句話形容上海：有發展前途(地理條件好)
46. 用一種顏色形容上海：綠、藍(原來像紅海，一片紅) 理由：環保、自然
47. 對台灣的了解：台灣沒有決策人，受美國人牽制(蔣經國有權威性)，李登輝，沒有權威性，做不了主)
48. 對台灣人的印象：台灣人到處跑，世界各地影響，回台灣各人主張不一，雜亂＋中國傳統，台灣青年活躍，生活態度瀟灑
49. 最想和台灣人說的一句話：多和大陸溝通
50. 最想了解關於台灣的問題：到底資本主義化到啥程度

【人物側記】

上海老街上一間間引人入勝的門面讓人走得跌跌撞撞，引我進門的卻是一張坐在深處望向人群的臉龐。蔣伯伯對於邀約訪談，不但一口答應，而且對於所有問題保證知無不言，言無不盡。我就這麼擠在玻璃櫃一角，一面看他做生意，一面兒問問題。舉凡文物鑑賞、婚姻及兩岸關係，蔣伯伯總是不多贅言且一語中的；才聊了一會兒，我發現自己儼然挖到寶山而暗自驚喜。老人滔滔不絕中，我專心做筆記，深怕遺漏了什麼道理。絡繹的客人不斷地上門，老人回答了價錢馬上又轉身補回先前的那一句，長者的風範與靈活的腦筋讓我見識到什麼是上海老人的魅力。

> 希望孩子賺大錢，平安過好日。

 個人

1. 姓名：張貴蘭
2. 生日：1952.12.6
3. 星座：射手
4. 血型：AB
5. 身高：150　體重：50
6. 籍貫：台東
7. 畢業學校：國小二(家境不佳)
8. 住在台北的時間：3年

9. 住在台北的理由：先生在台北，叫自己上來
10. 最喜歡的顏色：藍
11. 最喜歡的動物：狗
12. 最喜歡的水果：都愛吃
13. 宗教信仰：拿香的(道教)
14. 人生座右銘／格言：愛做好心，不要害人(台語)
15. 你追求怎樣的生活：夫妻一起，無憂無慮

 工作

16. 工作單位：泰和清潔公司
17. 職稱：清潔工
18. 平均工作時間：7:30～9:30
　　(中間休2H，月休3天)
19. 對目前工作是否滿意：滿意

20. 未來工作目標：繼續
21. 認為目前工作最大的成就感是：認識很多好朋友
22. 認為目前工作最大的挑戰是：沒有，很樂在工作
23. 生活中最大的開銷：買水果
24. 對金錢的態度：越多越好

 愛戀

25. 婚姻狀態：已婚28年，3小孩，2男1女
26. 你認為維持婚姻的秘訣是：互相忍讓
27. 你認為一個好的伴侶應該具有最重要的人格
　　特質是什麼：老實、忠厚、可依靠
28. 台北女人的特色：時髦
29. 台北男人的特色：較黑社會、花、講話粗魯

30. 您會反對子孫和對岸的男／女子交往
　　嗎：無意見　理由：年輕人喜歡就好
31. 對孩子的教育方法：用「講」的，不要
　　做賊，不要行竊，要做老實人……
32. 對孩子的期望：賺大錢，平安好過日

 學習

33. 若有免費進修機會，最想學什麼：讀
　　書，多學認幾個字
34. 每天是否有讀報習慣：YES　最常看的報

　　紙：公司裡的
35. 最先閱讀的什麼版面：社會新聞
36. 多久逛一次書店：在書店工作

 娛樂

37. 最常做的休閒活動：去兒子家玩(新竹)
38. 最常逛街的地方：略
39. 最常看的電視頻道(節目)：民視(天天星
　　期八)、(台灣奇案)

40. 最欣賞的男星：費玉清(毫不遲疑)
41. 最欣賞的女星：江蕙
42. 最喜愛的運動：工作沒時間

旅遊

43. 最懷念家鄉的什麼：父母姐妹
　　家鄉特產：池上米、水果釋迦
44. 曾經旅遊過的地方最懷念哪兒：娘家(屏東)

45. 未來最想去哪裡玩：還是回娘家
46. 使用的交通工具：騎機車

居住

47. 對於台北發展現況的想法：住得很習慣
48. 你覺得這個城市還可以再進步的地方：空氣
　　不好，污染太多
49. 到台北最要注意的一件事：不要被騙
50. 用一句話形容台北：台北很好，住得很習慣

51. 用一種顏色形容台北：無法形容
52. 對上海的印象／看法：台灣人要去打球應
　　該是不錯吧！
53. 上海的信息來源：電視、人說
54. 最想和上海人說的一句話：歡迎來玩

【人物側記】

張阿姨是台東人，她在台北一個複合式的賣場裡負責清潔的工作。做問卷的時候，阿姨總是笑盈盈地說推說自己不懂或隨便啦。面對這樣的受訪者起初會覺得「那按尼？」然而想想：這不就是典型台灣媽媽常見的脾氣？面對生活，務實而知足的她們不會有太多的抱怨或問題，總是承擔上天給予的一切努力創造奇蹟……平常最愛看「天天星期八」和聽費玉清唱歌，生活裡最大的花費是買水果吃的張阿姨，笑著說住在台北很習慣、很歡喜。

[低调恬静的上海媳妇]

> 我对上海先生和目前的生活都很满意……

 個人

1. 姓名：李巴黎
2. 生日：1965.8.10
3. 星座：獅子
4. 血型：O型
5. 籍貫：台灣高雄市(在日本11年，上海4年)
6. 學歷：日本雙學位，
   亞細亞大學(國)＋御茶水大學(社)
7. 到中國上海的時間：4年

8. 為什麼來中國：結婚才來
9. 當初最不適應的地方是：當初做了最壞的打算，但實際沒那麼糟
10. 人生座右銘／格言："我看萬事盡都有限，惟有你的命令極其寬廣"(聖經詩篇119篇96節)
11. 你追求怎樣的生活：不為金錢煩惱。知足，滿足於目前的生活

 工作

12. 行業別：商(台灣公司)　職稱：行政
13. 平均每日工作時間：8小時
14. 目前工作最大的成就感是：沒有
15. 目前工作最大的挑戰是：無
16. 你對自己未來在工作上的期許：目前以家庭為重，將來可能自己創業(貿易類)
17. 你認為台灣年輕人到中國發展的優勢：挺難的，留過學的見識面較廣，知識面則不見得比上海強

18. 你認為台灣人到中國發展應有的心態：不要老是覺得自己很強，時代不同了
19. 就你所接觸的大陸年輕工作者與台灣最大的差別：大陸兩極化，積極的很積極，也有很混；台灣不夠積極，注重享受
20. 與大陸員工共事的最高指導原則：以交朋友態度去相處，不分彼此
21. 給台灣年輕工作者的一句話：謙虛一點

 愛戀

22. 婚姻狀態：結婚4年。女：1個月
23. 你認為一個理想的伴侶應該具備的人格特質：誠懇、忠實
24. 大陸女子與台灣女子的情感表達的差異：現實、看重外在條件(非上海戶口不考慮)
25. 大陸男子與台灣男子的情感表達的差異：對女孩子較體貼、溫柔
26. 你認為兩岸婚姻最大的收獲：看問題會受侷限，要突破。人，才是重點，環境會變

27. 你認為兩岸婚姻最需要克服的是：自己聽說很多，大陸女孩較會耍花樣，會管男人的人，台灣女孩則不注重
28. 如何處理觀念上的差異：溝通的共識，婚前已建立良好溝通模式
29. 對於考慮結婚的兩岸男女有何建議：準備包容的心，即使是台灣人也有看不慣的
30. 你認為維持良好婚姻品質的秘訣是：包容、溝通(一定要講)

 學習

31. 工作後的學習與進修活動：目前沒有
32. 是否參加當地任何社團活動：沒有
33. 是否有個人電腦：YES
    常逛的網站：YAHOO、看日本産經新聞、E－MAIL發送
34. 若有免費進修機會，最想學什麼：兒童教育(當前之務)

35. 最常看的報紙：新民晚報＋青年報＋上網
36. 多久逛一次書店：很少，感覺樣板書多，會回台灣帶書(頂多工具書)
37. 最常逛的書店是：新華
38. 偏好的書種：雜書(目前教育，視生活需要，自己找書)
39. 最常看／買的3種雜誌：《媽咪寶貝》

 娛樂

40. 個人最常做的休閒活動：彈鋼琴、公園散步
41. 當地人流行什麼休閒活動：視個人交往層面，年輕人－卡啦OK、茶、跳舞
42. 與當地台灣人的聯誼模式：打電話聊天
43. 最常逛街的地方：徐家匯

44. 最常看的電視：中國／衛視鳳凰台(新聞)、東方台、上海台、中央台(上海歷史劇忠於原著，台灣較娛樂)
    台灣／綜藝娛樂，不用動腦的

 居住

45. 平均多久回台灣一次：1年
46. 台灣的信息來源：網路、電視
47. 最懷念台灣的什麼食物：彰化肉圓
48. 對於上海快速發展你的想法如何：很好，但人有點跟不上，年輕可跟上，老一輩跟不上
49. 您心中的上海人：勢利、現實、自私
50. 上海這個城市(人)還必須再加強的地方：道德感加強，有道德感是一種障礙
51. 推薦一種上海美食：上海人家、和記小菜

52. 推薦一個上海景點：小公園裡
53. 用一句話形容上海：對外國人和台灣人而言最易適應(居住環境在大陸城市中)
54. 用一種顏色形容上海：淡藍色(有活力、自由、進步空間多)
55. 在大陸工作生活最大收穫：老公和女兒
56. 未來是否可能回台灣發展：不會
57. 再讓你選擇一次，是否有其他的決定：目前很滿意自己的先生

【人物側記】

巴黎姐和他的上海先生是在日本讀書時認識的朋友。對於這樁婚事，他們是經過長久的溝通獲得共識後才做的決定。問她當初決定與對方結婚的原因，她回答是先生的性格與好脾氣。來上海後最不適應的不是來自逆文化(上海人)的刺激，反而是台灣同胞的好奇與質疑讓她覺得不可思議。目前以家庭為重並十分融入親戚鄰里，最喜歡的活動是和先生女兒一起散步小公園裡。難掩幸福的她，十分滿意自己當初的決定。

期望将來能成為兩岸均合法的中醫師。

個人

1. 姓名：陸文茵
2. 生日：2.21
3. 星座：雙魚
4. 血型：O
5. 籍貫：上海
6. 學歷：大學
7. 到台北的時間：81年底

8. 為什麼來台北：探親
9. 當初最不適應的地方是：無友
10. 台北與你想像中最大的差異：建築落後
11. 人生座右銘／格言：所有窗戶關上的剎那，正是大門開啟的時刻
12. 你追求怎樣的生活：平凡、安全
13. 最欣賞的歷史人物／名人：武則天

工作

14. 職稱：醫師
15. 平均每日工作時間：12H
16. 目前工作最大的成就感是：患者的信任
17. 目前工作最大的挑戰是：學歷的採證
18. 你對自己未來在工作上的期許：兩岸均合法的中醫師
19. 如果可以任意更換職業，你會想做什

麼：買賣玉器(因為喜歡)
20. 你認為大陸年輕人到台灣工作與發展的優勢：能力強
21. 你認為大陸年輕人到台灣發展應有的心理準備：種族的異見
22. 就你所接觸的台北年輕工作者與上海最大的差別：進取心

愛戀

23. 婚姻狀態：(已)婚‧子：1
24. 你認為一個理想的伴侶應該具備最重要的人格特質：成熟、穩重
25. 你心目中的台灣女子：愛美、獨立與依賴
26. 你心目中的台灣男子：大男人

27. 你認為兩岸婚姻最大的問題是：意識形態
28. 你認為兩岸婚姻最大的好處是：優秀的後代
29. 對孩子在台灣受教育的經驗：無聊(意識形態選舉要選誰)
30. 你對孩子的期望：健康、快樂、自重、自愛
31. 生活中最大的開銷：住房

學習

32. 工作後的學習與進修活動：自習
33. 是否參加當地任何社團活動：無
34. 是否有個人電腦：有
電子信箱：cwy.snack.yahoo.com.tw
最常上的網站：新浪網、奇摩

35. 若有免費進修機會最想學什麼：英語
36. 最常閱讀的報紙：中時
37. 最常逛的書店是：志遠、金石堂
38. 偏好的書種：中醫、飲食料理
39. 最常看的3種雜誌：《TVBS週刊》、《時報週刊》

娛樂

40. 最常做的休閒活動：逛街
41. 與在台北的大陸朋友的聯誼活動：無
42. 最常逛街的地方：SOGO

43. 最常看的電視頻道(節目)：TVBS
44. 最常聽的廣播頻道(節目)News98

旅遊

45. 曾經旅遊過的地方最懷念哪兒：蘇杭
46. 未來最想去哪裡玩：奧地利

47. 目前的交通工具：摩托車

居住

48. 平均多久回家鄉一趟：不一定
49. 家鄉的信息來源：朋友、家人
50. 最懷念家鄉的什麼食物：三黃雞
51. 對於上海的快速發展你的想法如何：理所當然
52. 身為上海人最令你驕傲的是：聰明
53. 對台北發展現況的想法：擔心經濟
54. 你覺得台北這個城市(人)還必須再加強的地方：交通、建築
55. 推薦一種台北美食：蚵仔麵線

56. 推薦一個台北景點：陽明山
57. 最愛台北的：雨後
最無法忍受台北的：地上的狗大便
58. 用一句話形容台北：無法形容
59. 用一句顏色形容台北：灰白(原本的美麗已漸漸凋零)
60. 你在台灣工作與生活最大的收獲是什麼：得到人們的尊敬
61. 未來是否可能再回上海發展：當然(孩子成人後)
62. 再讓你選擇一次，是否有其他的決定：也許吧

【人物側記】

先生在上海習醫時和她相識相戀，1992年來台灣的文茵姐，小孩現在已念小學二年級。原本就是合格中醫的她，針灸與推拿的功夫在鄰里間早已頗受好評，是能幹又顧家的上海媳婦。日前才和先生回到故鄉上海準備租個店面，好好以自己的專業開創新局。作者希望相關法令真的能及早訂確立，讓許多優秀有心的中醫師，都能在兩岸造福人民。

[上海求学奋斗代言人]

年轻人到大陆求学：
心智要夠強，要具有獨立性！

個人

1. 姓名：王秀文
2. 生日：1971.2.3
3. 星座：水瓶
4. 血型：O型
5. 籍貫：台灣省高雄縣
6. 學歷：大學中文系，上海中醫藥大學
7. 到中國（上海）的時間：1997.9
8. 為什麼來中國（上海）：唸書

9. 家庭成員：父母，排行老五
10. 當初最不適應的地方是：生活習慣，例如隨地吐痰、廁所沒門、穿睡衣逛街。飲食：太油太鹹
11. 人生座右銘／格言：吾心信其可行，雖有移山填海之難，終有成功之日
12. 你追求怎樣的生活：沒有壓力，能助人又能賺錢
13. 最欣賞的歷史人物／名人：諸葛亮、毛澤東(改變歷史)

工作

14. 平均每日工作時間：1~5，每天都有課
15. 目前工作最大的成就感是：星期六、日跟老師去學校醫院、私人診所抄方、跟診,是一種動力(看病人實際上吃中藥時反應)
16. 目前工作最大的挑戰是：與自己的記憶力挑戰，問答題有語言上認知的差異
17. 你認為台灣年輕人到中國學習的優勢：思考模

式較靈活，臨床表現較佳，喜歡發問
18. 你認為台灣人到中國求學應有的心態：可以來此唸書，但儘量不要學醫(因為「學歷認證」)真的要學技術才來，獨立生活，沒有社團可參加，要心智強、有獨立性。

愛戀

19. 婚姻狀態：未婚。有固定男朋友一起唸書
20. 你認為上海女子的特色：妖嬌美麗、穿裙子多,即使穿褲子,也很薄　台灣女子：穿褲子多(休閒)

21. 你認為上海男子的特色：好男人(上班族)；不倫不類(年輕痞子)

學習

22. 是否參加當地任何社團活動：無
23. 是否有個人電腦：是　網站：hsiuwen@citiz.net
24. 若有免費進修機會，最想學什麼：英文
25. 最常看的報紙：生活週報、文匯報,一般看電子報

26. 最常逛的書店是：醫學專門書店
27. 偏好的書種：醫學
28. 最常看的3種雜誌：《女友》的短篇文章

娛樂

29. 最常做的休閒活動：散步、逛街
30. 當地人流行什麼休閒活動：唱歌、打保齡球、上網吧
31. 與當地台灣人的聯誼：家裡聚餐

32. 最常逛街的地方：襄陽市場、徐家匯
33. 最常看的電視頻道（節目）：中國／ctv5體育、東方台
34. 生活中最大的開銷：租屋、買書、吃飯

居住

35. 平均多久回台灣一次：半年
36. 台灣的信息來源：電腦(電子報)
37. 最懷念台北的什麼食物：碗粿、蚵仔煎…(小吃)
38. 對上海快速發展你的想法如何：貧富差距太大
39. 與上海人的接觸經驗：人文素質永遠跟不上其城市建設，上海的公車值得褒揚，每站必停且有廣播，中、英文發音(基礎建設)
40. 你覺得上海這個城市(人)還必須再加強的地方：人文素質，七不規範(97年開始)
41. 推薦一種上海美食：保羅多廳(上海菜、地道、便宜、快、好吃)

42. 推薦一個上海景點：武康路(上圖附近的道路)，綠色隧道和老房子
43. 用一句話形容上海：千嬌百媚
44. 用一種顏色形容上海：五顏六色
45. 你在大陸求學與生活最大的收獲是什麼：找到自己人生方向／另一半
46. 未來是否可能再回台灣發展：是，50％
47. 再讓你選擇一次，是否有其他的決定：是，應該早點過來
48. 給台北市長／陳總統的真心話：要獨立早獨立，要統一早統一，不要維持現狀(拖)

【人物側記】

秀文和他男朋友一起在星巴客出現了，他們是在上海中醫藥大學裡認識的同學。這對同樣來自台灣的年輕情侶在上海生活了四、五年，活潑的觀察著，累積了許多不同於從商者的歸納法則；比如上海女孩很愛穿裙子，即使穿褲子也都很薄(作者也發現了)；來上海讀書的台灣年輕人可以分為那幾類等等。各種各樣的說法，煞有介事。關於在上海學醫的事，這對認真的情侶真有滿腹的酸甜苦辣與心靈點滴值得與大家分享，我建議由他們自己寫書告訴你吧！

"工作"很重要：是一種寄託，是必須的……

 個人

1. 姓名：吳敏
2. 生日：1966.3.2
3. 星座：雙魚
4. 血型：B
5. 籍貫：陝西省西安市
　家鄉特產：大紅棗、核桃、枸杞子、石榴
6. 學歷：西安外國語學院(日語)
7. 到台北的時間：1997.9.12
8. 為什麼來台北：結婚

9. 當初最不適應的地方是：祭祀的文化、建築物交通規劃不良、橫七豎八
10. 台北與你想像中最大的差異：環境，到處是流浪狗、狗大便，處處蟑螂；物質生活>大陸，精神生活<大陸；心胸狹隘，只看負面
11. 人生座右銘／格言：人不可以有傲氣，但一定要有傲骨
12. 你追求怎樣的生活：平淡寧靜
13. 最欣賞的歷史人物／名人：宋慶齡、宋美齡

 工作

14. 職稱：家庭主婦
15. 目前工作最大的成就是：家庭和睦、平安健康
16. 你對自己未來在工作上的期許：等孩子4歲可能出去工作。工作很重要，是種寄託，很充實，以自己的能力去換取收入的工作都可以做

17. 你認為大陸年輕人到台灣工作與發展的優勢：沒有優勢(因為目前經濟不景氣)
18. 你認為大陸年輕人到台灣發展應有的心理準備：人都有共通性，人往高處爬，水往低處流，能融入當地環境

 愛戀

19. 婚姻狀態：已婚‧女：1(3歲)
20. 你認為一個理想的伴侶應該具備最重要的人格特質：責任感、孝順(與先生一見鍾情，看到好的人，就認定他了)
21. 台北女子與家鄉女子的相同與不同：現實、找對象挑能力、純樸、嬌氣
22. 台北男子與家鄉男子的相同與不同：印象裡是新聞中的吃檳榔、穿拖鞋的樣子，挺害怕的，大陸人看起來較踏實

23. 你認為兩岸婚姻最大的問題是：經濟(回家鄉買東西，自己的表示)
24. 你認為兩岸婚姻最大的好處是：文化的交流、互相學習(先生獲益大)，但自己獲得多的是物質生活的部份
25. 對孩子在台灣受教育的經驗：未來兩人奮鬥的目標——買自己的房子
26. 你對孩子的期望：希望培養她唸到大學
27. 生活中最大的開銷：飲食

 學習

28. 若有免費進修機會，最想學什麼：再提昇自己的日語、電腦
29. 最常閱讀的報紙：中時、聯合、民生

30. 最常逛的書店是：誠品(永和)，很喜歡誠品
31. 偏好的書種：裝潢、飲食、養生
32. 最常看的3種雜誌：《壹周刊》、《遠見》

 娛樂

33. 個人最常做的休閒活動：附近運動場散步
34. 西安流行什麼休閒活動：去卡拉OK唱歌、聚餐、逛街
35. 與在台北的大陸朋友的聯誼活動：較內向，買菜時曾與兩位相識的大陸新娘聊天
36. 最常逛街的地方：太平洋SOGO、附近菜市場

37. 最常看的電視節目：台灣人在大陸、大陸尋奇、中央4台(新聞、藝文節目)
　台灣：TVBS新聞、大愛(連續劇)、康熙帝國(歷史劇細節考究)
38. 最欣賞的明星：李敖、陳文茜

 旅遊

39. 曾經旅遊過的地方最懷念哪兒：長江三峽(蜜月旅行)有大山大海
40. 未來最想去哪裡玩：去台中、台南(台灣其他地方)
41. 目前的交通工具：計程車、公車

 居住

42. 平均多久回上家鄉一趟：1年(強制性)
43. 家鄉的信息來源：電話
44. 最懷念家鄉的什麼食物：水果、蔬菜
45. 對台北發現現況的想法：來三年，沒多大的改變，似乎太依靠美國
46. 你覺得台北這個城市(人)還必須再加強的地方：人為綠化帶、破舊的建築
47. 推薦一種台北美食：螃蟹羹(基隆港)
48. 推薦一個台北景點：國父紀念館、故宮
49. 最愛台北的：產品的質量很好
　最無法忍受台北的：狗、環境

50. 用一句話形容台北：雜亂無章
51. 用一句顏色形容台北：綠色(海洋性氣候對植物的生長好，住家附近多花草)
52. 到目前為止，你在台灣工作與生活最大的收獲是什麼：先生、孩子、一個家
53. 未來是否可能再回家鄉發展：是，如果台北經濟持續惡化，老公的工作面臨問題
54. 再讓你選擇一次，是否有其他的決定：不一定
55. 給台北市長／陳總統的建議：要從長遠、利多弊少的角度出發，儘早實現大三通

【人物側記】

吳姐嫁來台灣之前在家鄉的碑林博物館擔任解說員一職，每個月收入三、四千人民幣，在館裡很受重用。人生座右銘是「人不可以有傲氣，但一定要有傲骨」。她認為工作很重要，是一種自我存在的體現。身為了追尋幸福而遠離家鄉的大陸新娘，她所付出的代價與現實社會所給予的對待落差，常讓她有不如歸去之嘆。雖然對現實有許多無奈，個性直爽開朗的吳姐提到先生女兒和溫馨的家，還是充滿幸福與欣慰。生活在台北，她仍有很多期待，部分想法就在問卷裡，希望你我多多關心。

[「身」不由己的空中飞人]

> 工厂没倒；人没疯、没有沦陷……
> 是最大的成就感。

 個人

1. 姓名：呂勇達
2. 生日：1963.2.19
3. 星座：水瓶
4. 血型：B型
5. 籍貫：台灣雲林
6. 學歷：高工/西太平洋大學(遠距課程)
7. 到中國上海的時間：91年來
8. 為什麼來中國 (上海)：辦工廠
9. 當初最不適應的地方是：飲食、交通、環境髒亂
10. 人生座右銘：成功者找方法，失敗者找藉口
11. 你追求怎樣的生活：閒雲野鶴
12. 最欣賞的歷史人物／名人：成吉思汗(開疆闢土的精神)

 工作

13. 行業別：電子業　職稱：總經理
14. 平均每日工作時間：睡覺外，都與工作有關
15. 目前工作最大的成就感是：在上海10年，工廠沒倒，人沒瘋，沒有淪陷
16. 你對自己未來在工作上的期許：創造公司成為世界最大的導線製造廠
17. 如果可以任意更換職業，你會想做什麼：顧問(可分享經驗)
18. 就你所接觸的大陸年輕工作者與台灣最大的差異：被動性
19. 與大陸員工共事的最高指導原則：忍耐、平等心、不要有台灣人的優越感
20. 給台灣年輕工作者的一句話：多一點體貼，多一點責任

 愛戀

21. 婚姻狀態：結婚(14)年・2女
　如何維繫：固定通電話、渡假
22. 你認為兩岸婚姻最大的問題是：價值觀、生活差異(沒有"婆婆"的概念)
23. 你認為兩岸婚姻最大的好處是：多功能性問題、消除寂寞、跑稅務局、與本地人建立關係、幫助管理工廠、做秘書…)
24. 如何處理孩子受教育的問題：太太決定

 學習

25. 工作後的學習與進修活動：聽演講、看書
26. 是否參加當地任何社團活動：台商協會高爾夫球隊
27. 若有免費進修機會，最想學什麼：人文課程(人文、經濟活動)
28. 最常看的報紙：新民晚報、經濟日報、工商時報、中國
29. 最常逛的書店是：誠品、新學友
30. 偏好的書種：雜類(管理、小說)
31. 最常看的3種雜誌：《財訊》、《商業周刊》

 娛樂

32. 個人最常做的休閒活動：跑山(馬來西亞)、台北(走路)、上海(打golf)
33. 當地人流行什麼休閒活動：打牌、麻將
34. 與當地台灣人的聯誼：台商會聚餐、golf、麻將
35. 最常逛街的地方：徐家匯(港匯)
36. 最常看的電視：東森新聞
37. 最常聽的廣播：NEWS98、愛樂

居住

38. 平均多久到上海一趟：一個月/15天
39. 台灣的信息來源：新聞、台商傳進
40. 最懷念台北的什麼食物：蚵仔麵線
41. 對於上海快速發展你的想法如何：what can I do? 危機意識
42. 你覺得上海這個城市 (人) 還必須再加強的地方：恢復倫理道德教育(四書五經)，鼓勵教條介入
43. 推薦一種上海美食：醃螃蟹、鯽魚湯
44. 推薦一個上海景點：郊區油菜籽花
45. 用一句話形容上海：太神奇了！
46. 用一種顏色形容上海：淡灰色
47. 到目前為止你在大陸工作與生活最大的收穫是什麼：了解共產黨
48. 未來是否可能回台灣發展：略
49. 再讓你選擇一次，是否有其他的決定：如果有其他選擇，不會來中國
50. 給台北市長／陳總統的真心話：找我去做顧問吧!

【人物側記】

每個月都在上海、台灣和馬來西亞的上空飛行，見到他時，不是剛從這裡回來就是明天又要飛那裡。關於西進，每個台商都有自己的分析。我原以為做生意只是銀貨兩訖的簡單道理，沒想到腳踏別人的地盤其實是難度更高的遊戲。該有什麼心態？會有哪些文化上的差異？要注意什麼問題？輕鬆的語氣，每個字都是心血的累積；學不學上海話？要如何調整自己？什麼優勢與人脈都比不上一張厚臉皮。周旋在複雜的環境裡要如何前進？他笑稱要懂得 "同流不合污，隨波不逐流" 的十字真理。

台北的紅綠燈太多,巷道太複雜,
馬路旁邊還有墳墓……

個人

1. 姓名：馬小雄
2. 生日：1976.12.21
3. 血型：O
4. 籍貫：廣東省海豐縣
5. 學歷：初中
6. 到台北的時間：1998
7. 為什麼來台北：工作發展
8. 當初最不適應的地方是：飲食，人生地不熟
9. 台北與你想像中最大的差異：以為像香港，是大都市，規劃整齊
10. 人生座右銘／格言：腳踏實地的工作
11. 你追求怎樣的生活：婚姻美滿，家庭幸福
12. 最欣賞的歷史人物／名人：鄧小平(有思想、有見地，推動大陸經濟改革、規劃)

$
工作

13. 行業別：台聯客運　職稱：遊覽車維修專員
14. 平均每日工作時間：11H
15. 目前工作最大的成就感是：就是上班
16. 目前工作最大的挑戰是：無
17. 你對自己未來在工作上的期許：工作幾年等資金，再回廣東創業(汽車業)
18. 如果可以任意更換職業你會想做什麼：開保養廠、汽車組裝
19. 就你所接觸的台北年輕工作者與家鄉最大的差別：台灣人比較會摸魚(靦腆地說)

愛戀

20. 婚姻狀態：(未)婚‧有固定女朋友
21. 你認為一個理想的伴侶應該具備最重要的人格特質：關心自己
22. 你認為台北女子的特色：開放、強勢、獨立
23. 你認為台北男子的特色：自私、受教育高、精打細算
24. 單身：你會考慮兩岸婚姻嗎：會
理由：女朋友是台灣人

學習

25. 是否參加當地任何社團活動：無
26. 若有免費進修機會最想學什麼：電腦
27. 最常閱讀的報紙：自由時報

娛樂

28. 個人最常做的休閒活動：籃球、爬山
29. 最常逛街的地方(商場)：景美夜市
30. 最常看的電視：東森新聞、年代(台灣人在大陸)、政治、新聞

旅遊

31. 曾經旅遊過的地方最懷念哪兒：深圳(工作、交通環境好)
32. 未來最想去哪裡玩：新加坡
33. 目前使用的交通工具：摩托車

居住

34. 平均多久回家鄉一趟：1年1次
35. 家鄉的信息來源：電視、電話(每周與家人通電話)
36. 最懷念家鄉的什麼食物：海鮮、野味
37. 對台北發展現況的想法：紅綠燈太多，上下班交通混亂
38. 你覺得台北這個城市必須再加強的地方：市容、綠化、路高低不平、巷道太複雜、馬路旁有墳墓(木新路)
39. 推薦一種台北美食：鼎泰豐小吃
40. 推薦一個台北景點：陽明山
41. 用一句話形容台北：暫時的棲身之地
42. 用一句顏色形容台北：金色(賺錢較大陸容易)
43. 你在台灣工作與生活最大的收獲是什麼：認識女朋友
44. 未來是否可能再回中國發展：看未來幾年工作發展(有可能大陸投資，住台灣)
45. 再讓你選擇一次，是否有其他的決定：還是會來
46. 對北京申奧成功的想法：帶動中國更好的經濟
47. 給台北市長／陳總統的建議：兩岸快三通和統一

【人物側記】

1998年，因為父親在台灣的緣故，小雄離開廣東到台北依親。原本只想先來看看，後來決定留下發展，陪他同來受訪的女友應該是最主要的原因。目前在客運公司任職遊覽車維修專員，原本就主動耐勞的性格讓他的工作能順利發展。最無法忍受台北紅綠燈的他，常常因為根本不知道有這些號誌的存在而被罰，對於台北的交通他猛搖頭，說是只愛捷運。朋友都是台灣人，小雄已經完全融入台北的生活，未來有機會想開保養廠做汽車組裝，也不排斥回大陸投資發展。

[以大爱深耕的企业家]

上海市場潛力雖大，若无足夠认识，仍需謹慎。

個人

1.姓名：盧清田
2.生日：05.10
3.星座：牡羊座
4.血型：O型
5.籍貫：台灣台中
6.學歷：大專
7.到中國（江西）的時間：91

8.為什麼來中國（上海）：公司派駐
9.家庭成員：全家3人，1女兒
10.當初最不適應的地方是：氣候
11.人生座右銘／格言：以佛為師
12.你追求怎樣的生活：平凡平淡
13.最欣賞的歷史人物／名人：朱熹

工作

14.行業別：貿易　職稱：董事長
15.平均每日工作時間：12小時
16.目前工作最大的成就感是：把工作經驗傳承給夥伴
17.目前工作最大的挑戰是：市場開拓
18.你對自己未來在工作上的期許：利用大陸資源開拓貿易範圍
19.如果可以任意更換職業，你會想做什麼：餐飲業
　　理由：喜歡吃
20.你認為台灣年輕人到中國發展的優勢：教育根基、

視野廣闊、比較性強、靈活
21.你認為台灣人到中國發展應有的心態：謙虛、內斂(範圍、格局都變大)
22.就你所接觸的大陸年輕工作者與台灣最大的差別：忠誠度與落實性差
23.與大陸員工共事的最高指導原則：以身作則
24.給台灣年輕工作者的一句話：時代不同，別在優渥的環境裏當溫室的花朵

愛戀

25.你認為大陸女子的特色：大女人主義
　　台灣女子：顧家、尊重夫家
26.你認為大陸男子的特色：自大、吹牛誇張、吃軟怕硬；台灣男子：在台灣—顧家、有責任感；在大陸—變壞，不可一

世，財大氣粗，炫耀
27.你認為兩岸婚姻最大的問題是：理念、成長過程、文化差距
28.你認為兩岸婚姻最大的好處是：截長補短

學習

29.工作後的學習與進修活動：自修
30.是否參加當地任何社團活動：台灣慈濟、台商協會、拓商活動
31.是否有個人電腦：YES　　網站：PC HOME
32.若有免費進修機會，最想學什麼：管理、電腦

33.最常看的報紙：到圖書館看台灣報紙
34.最常逛的書店是：住家附近
35.偏好的書種：管理類、佛學
36.最常看、買的3種雜誌：台灣財訊

娛樂

37.個人最常做的休閒活動：郊外踏青
38.當地人流行什麼休閒活動：打麻將
39.與當地台灣人的聯誼：聚餐、經驗交流、1星期1次
40.最常逛街的地方：上海徐家匯

41.最常看的電視頻道：中國(鳳凰台)、台灣(民視)
42.生活中最大的開銷：交通費(飛機)、餐飲

居住

43.平均多久回台灣一次：1-2個月，去年開始長住上海
44.台灣的信息來源：報紙、電視、雜誌
45.對於上海快速發展你的想法如何：雖市場潛力大，若無足夠認識，仍需謹慎
46.與上海人的接觸經驗：國際資源豐富
47.你覺得上海這個城市(人)還必須再加強的地方：人的素質、內涵、不要做表面
48.推薦一種上海美食：本幫菜(涼拌蛇皮)
49.推薦一個上海景點：和平飯店
50.用一句話形容上海：十里洋場、風險重重
51.用一種顏色形容上海：橙色　理由：正在發光

52.你在大陸工作與生活最大的收獲是什麼：歷練
53.未來是否可能回台灣發展：根在台灣，人在大陸發展空間
54.再讓你選擇一次，是否有其他的決定：The same
55.給台北市長／陳總統的真心話：穩定經濟，促進兩岸交流，發展台灣，放眼大中華

【人物側記】

台灣慈濟功德會，早在一九九一年夏天，華中、華東地區發生世紀大洪澇，就立即展開大規模賑災。因為親戚是會員，我在上海也參加了幾次慈濟的活動。在一次到四平敬老院參訪後的聚會裡，有機會採訪到同團的長輩盧清田先生他身為資深台商，到中國大陸已超過十年，長期參與慈濟活動。他的閱歷之豐富，絕不是這兩三張問卷所能述說，也不是短時間的蜻蜓點水所能體現。在參加過各式工商團體為大陸台商舉辦的大小會議後，盧先生對於"問卷"的填寫也累積了一套心得，看到我不停地振筆疾書但又龍飛鳳舞的字後，他忍不住給予我問卷精簡化的寶貴意見。啊！謝謝盧先生。(下次再問您別的)

> 到底有多少台灣藝術行家已前進上海，並受惠的？？？!!

個人

1. 姓名：葉永青
2. 生日：1942.2.14
3. 籍貫：吉林，出生地──貴州
4. 學歷：大學
5. 住在台灣(台北)原因：9歲之前在大陸，1950到台灣(台中)
6. 住在台北的時間：初二從台中搬上來
7. 最喜歡的顏色：春夏的顏色
8. 最喜歡的食物：喝米酒頭(便宜)+冰塊
9. 宗教信仰：信藝術(小時候信天主教)
10. 人生座右銘／格言：平安就是福
11. 最欣賞的歷史人物／名人：努爾哈赤(統一滿部落)

工作

12. 工作：社區大學(教授基礎素描、後現代水墨)
13. 平均工作時間：每週2個晚上
14. 對目前工作是否滿意：不滿意，但可接受(糊口)
15. 認為目前工作最大的成就感是：讓以前在學校被打壓，被灌輸錯誤美術觀念者，有重拾信心的機會
16. 認為目前工作最大的挑戰是：社區大學無自主使用空間影響教學品質

愛戀

17. 結婚幾年：近2年
18. 一個良好伴侶最重要的人格特質：人好、心地善良、不囉唆、不懷疑
19. 家庭成員：2年+1條狗女兒
20. 你認為維持良好婚姻品質的秘訣是：睜一隻眼閉一隻眼
21. 你認為台北女人的特色：喜歡組織社團(求知慾強)
22. 你認為台北男人的特色：很橫、一肚子怨氣，像誰都對不起他，包容心差

學習

23. 工作後的活動／學習安排：略
24. 若有免費進修會最想學什麼：沒有，將雕塑與水墨維持水準。
25. 最常看的報紙：中國時報(編排好) 雜誌：《新觀念》
26. 偏好的書種：美術類(工具書)、文學

娛樂

27. 最常做的休閒活動：看電視(剛回台灣很自閉)
28. 最常逛街的地方：景美愛買
29. 喜歡哪一種音樂／戲曲：世界音樂(印度、懷舊、少數民族)
30. 最欣賞的表演者：大陸田震
　　台灣：周華健、陳昇、蔡琴
31. 最常看的電視頻道(節目)：新聞(TVBS)/電影+體育
32. 最常聽的廣播頻道(節目)：中廣音樂網
33. 最喜愛的運動：伏地挺身、跳繩
34. 生活中最大的開銷：煙、酒

旅遊

35. 曾經旅遊過的地方最懷念哪兒：巴黎、馬德里、天祥太魯閣、露台
36. 未來最想去哪裡玩：哪兒都想去
37. 目前使用的交通工具：足

居住

38. 平均多久回家鄉一趟：略
39. 家鄉的信息來源：略
40. 最懷念家鄉的什麼：略 家鄉名產：略
41. 對於台北發展現況的想法：台北哪有在發展？
42. 你覺得這個城市還可以再進步的地方：心靈建設(台灣人還沒有做世界之都的準備)
43. 推薦一種台北美食：氣氛比食物重要
44. 推薦一個台北景點：貓空
45. 到台北最要注意的一件事：走路時注意車子
46. 用一句話形容台北：成長的地方
47. 用一種顏色形容台北：藍灰 理由：天候霧霧的
48. 對上海人的印象：很精明，會計算，不吃虧
49. 對上海的了解：1986去了1次，潛力無窮
50. 如何看待北京申奧成功：很高興，使中國一躍千里
51. 未來是否可能再回中國發展：……
52. 最想和上海人說的一句話：努力前進！加油
53. 最想了解關於上海的問題：到底台灣有多少藝術家已前進上海並受惠？

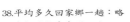

【人物側記】

「小葉子」是滿族正紅旗人，身為藝術家，他的長辮子倒是很好的形象識別。小葉子的前半生是如此道地的「四海兄弟」。從出生地貴州以至北京、上海、南京、廣州、香港等地的「逃難之旅」；青年時期習藝歐美所留下的足跡，每座城市他都有一套解釋的邏輯。他覺得「爸爸」是北京、「媽媽」是台北、紐約像「太太」、巴黎是「情人」，難忘的馬德里則是「女朋友」。啊！瞧他說得洋洋得意地，目前正處於養氣期，只好窩居台北，或許下次有機會到上海再認個「乾妹妹」？！

「對面」之後

文：黃百葯

啊！「對面」這個孩子終於要出來見人了。

出書的時間離我寫企劃提案的時間正好兩年。兩年之間可以發生的事太多了：幸運的人可能刮中了彩券、買了十輛賓士、十棟別墅，又環遊了世界三趟回來，玩政治的人可能貪了瀆被抓進牢然後又被放出來擔任新的肥缺後又鬧了緋聞……所有的事都在變化之中生生死死又反反覆覆。都說上海一年一小變、三年一大變，台北呢？

以下是做書以來對於內外環境的變化的感想，分爲幾個大類。因爲很複雜所以特別囉唆。

＊　＊　＊

[城市之間]：從台北（上海）到上海（台北）

◎一年多來，台北的建設隨著市民主義的抬頭與國際化的議題而不斷提昇，上海也因爲擁有來自全球的關注，各項設施也不斷與國際接軌。雙方都爲提昇自己的城市形象而忙著。

◎台北路標的中文譯音在經過幾番拉扯後，終於決定以漢語拼音來呈現。所以以往同一條路上出現多種拼音方式的情況即將獲得改善。對於長期面對視覺混亂的觀光客和台北市民而言，唯一所要求的「一致性」總算被滿足了。（但是離開台北就不敢保證了）

◎台北正緊鑼密鼓加蓋的101金融大樓（估計480米）完工後將取代新光大樓成爲台北甚至全世界最高樓，另一頭已復工的上海環球金融中心原定466米，在得知台北金融大樓的高度後，已變更新的高度。還撂下狠話說：「要比台北的高！會是世界第一高樓！」阿彌陀佛，這下又沒完沒了了。此恨綿綿無盡期，幸好出書時它們都還沒完工！

◎台北、高雄、台中三位市長曾在一場台北市雜誌公會舉辦的「城市與閱讀」演講會上討論城市設立「街頭書報亭」的可能。關於這個問題，是否可以請各位市長參考本書「書報攤」那一頁。如果直接將現有的檳榔攤改裝成書報亭，讓檳榔西施除了賣檳榔還可以賣書，讓平常只會買檳榔的人可以有機會接觸到書（特別是透過檳榔西施的手）。那文化紮根的動作豈不瞬間落實？這個方法不僅無須另外設點，還可以軟性輔導西施們轉業，成爲未來的「城市文化公主」。多好啊。

◎聽說上海已通過《上海市市容環境衛生管理條例》，明文規定：「禁止在道路及其他公共場所包括路牌、欄杆等設施上吊掛、晾曬衣物。」違者罰款二百人民幣！也就是說下次再去上海就看不到那「遮蔽的天空」了。爲了提昇國際形象，上海市還頒布機車禁止進入市區的禁令，計劃於2005年實施。這一點如果要台北也如法炮製，大概會出人命吧。

◎在台北已經搭了快二十年的聯營236公車，前一陣子也出現了周到的語音服務和跑馬燈（內容和上海近似），我在座位上笑了起來，忽然有一種時空交錯和大家都在進步的感動。

◎上海不僅建設越來越新穎，連市長也越換越帥、越年輕。讓人不免有一點和台北別苗頭的
聯想。這樣也好，由帥氣的市長們來從事政令宣導的工作，不僅效果好，應該也用不到十
億的預算。

◎我並不十分理解「左、右」在政治領域裡所代表的實質內涵。我在面對生命中各種是非、
善惡、利弊、真假與得失之間混淆的現在，為上海與台北兩個城市做對話的方式與過程成
為我自兩種對立的價值中超脫的方法和管道。在大都市裡，新與舊同時存在。建設與破壞
的發生常常同時並進。外在欣欣向榮不代表裡面也生氣勃勃，頹圮屋瓦的消失也不代表陳
舊思想的更新。這種黑白交錯、共生共融的現象打破了很多的「絕對」。彷彿人在理想與
現實之間也可以找到動靜之間的平衡。

[創作之路]：從解構到重組

1.如何來比？（骨架）

　　◎以左右對照的格式設定來統一跨頁與跨頁縱橫向的平衡。插圖與版面的緊密搭配是要建
　　　立起上海與台北間一個共同符號的骨架。完成左右相對、「一邊一市」的效果。

　　◎所有圖文的存在都是為了服膺「相對」的這個概念，這個設定是一種趣味但偶爾也形成
　　　一種障礙。一些想法在這種不得不的情況下被逼了出來，連自己也沒想到……限制在此
　　　形成一種自由的可能。

　　◎骨、肉、血互相牽引、互為因果，有時幾乎是同步發生的。

2.對比什麼？（填肉）——30％文＋30％插圖＋30％照片的拼圖實驗

　　◎由於單純的畫或寫無法將心中所思完整表達，得要把事件、經驗與想像全揉在一起成為
　　　一個畫面，才能「稍微」全面呈現自己的觀點。而為了做到左、右都可以單獨存在但同
　　　時又是一個整體的要求。做完的心情就像做了三本書。（左邊一本、右邊一本、合起來
　　　看又是一本）

　　◎每一種主題有它發揮的先天性優劣。「比些什麼」取決於你要呈現（強調）這個主題哪
　　　個面和手中握有的資料是否齊全、平衡。有些東西一放上去就能讓人心神領會。比如
　　　「文字」，繁、簡之間它自己已說得分明；比如「旗幟」，因為它的「符號性質」明確，而
　　　在技術上省了很多力氣。較困難的反而是將抽象的「情感」視覺對比化。比如「居住」，

除了房屋形式的對比，生活的內容如何透過版面來比？比如「看新聞」等等。

　　◎有很多的主題因為台北部分明確而上海模糊或上海有而台北沒有（或我還來不及消化）而必須放棄，很可惜。有些東西有比的意義，有些則沒有，是很個人的感受。

　　◎這本書的體質很特別，它是一本不斷生長的書。即便是讀者們捧著書的當下，變化仍在發生。也許一個法令又鬆動了，可能一個新聞又發生了。每一個事件多少會影響到我對主題的理解和版面的平衡。上海的資料部分是以我以2001年居住在上海的經驗和返台後的蒐集為主，台北則打從我生下來後的居住心情與期望。人說「愛之深、責之切」一點也沒錯。文字、插圖與照片就在時間的追趕下，像方塊式拼圖裡在空中被我推過來移過去，一直到不能為止。

3.比出什麼味道(血液) ──視覺・內容・整體不斷平衡的過程

　　◎智者說：「真正的智慧不執著於兩邊。它不左、不右、不中、不上也不下，它是活的。」生活是活的。創作過程有如修道，在不斷捨棄又重整的過程中訓練自己培養一種超脫的立場。過去當有人就政治立場訪問戴高樂總統的態度時，他說：「我不左也不右，我高高在上。」很接近這種味道。所以書寫的我難免擔心，如果在某個事件上做了過度的反應是否會對原本已經成見已深的雙方又蒙上一層錯誤的知見而會避開激烈的評判和意識型態的渲染，畢竟我只是個「人」。或許這就是創作者的功課，這當中的種種我還在學習拿捏。（雖然誠心想為大家搭一座橋，卻也不得不擔心自己所搭的橋成為另一種包裝後的偏見。真傷腦筋啊！）

　　◎每個人心中都有一把度量尺，這樣的讀本去過上海的人都有一本。五年後來做和住了五年的人來做，肯定會比出不同的味道來。如何將生活中的情感點滴視覺化使讀者在每一頁感受到共同或差異點的趣味、傳達這個年代的氣味是我做這本書最大的挑戰與初衷。很難，也只有盡力。

[心靈之旅]：從混沌到解脫──關於「人」的刺激與想法：

　　◎人的問卷分「本地人」、「外地人」和「來自對面的人」三大類，兩邊各有約50人參與訪談。

　　問卷的題目設計主要以我個人的好奇為切入點。有的他們自己填寫，有的我邊問邊寫。每位受訪者都很精采，礙於版面的設定這次只能各選取20人作為代表。這些人雖然只是上海和台北人的部份縮影，但希望為兩邊人在對方心中既定而刻板的形象外，多開一扇認識的窗。

◎當我邀請受訪者填寫問卷時，我告訴他們：「我正在做一本幫助兩岸人民互相了解的書……」或許是單純的動機和誠懇的態度使得兩邊的朋友紛紛下海幫忙，大方將生活中的得意與感傷和陌生的我分享，他們對未來書中將會出現在他們左右的人充滿好奇和期待，這讓我在感動之餘更加深了使命感。原來，促成這本書的是大家對「幫助兩岸人民互相了解」這個概念的認同，而不是我。我所扮演的只是一個靈媒（靈動的媒體）的角色，將兩邊既存的人事物貫穿起來而已（要在此對所有受訪者說聲抱歉：這些訪問是在2001年底採集的，成書的此時，你們可能都「自覺成長」了。）

◎本地人、鄉下人、外地人、台灣人與外國人在上海形成不同的小圈圈。這些先來後到的圈圈相互打探、彼此撞擊，形成所謂的老上海或新上海人。這些人自詡為新上海的中堅，各自驕傲、各自頭頂一片上海的天。台北雖然也有很多來自外縣市的外地人，但是我們頂多只有本省人、外省人兩圈。沒有什麼「看不看得起」的階級問題，只有「看不看得順眼」的省籍問題。或許這是上海和台北先天的歷史地理經濟條件不同所造成的人性差異。所以上海人一直有她驕傲的理由，而台北人因為正在努力創造屬於自己的驕傲，也因此需要比上海人多一份對人的寬容與大度。

◎上海因為各方外地移民的加入而促成了城市的發展（包含幾十萬台灣人）。台北雖然沒有上海所謂的外地「民工潮」湧進，卻也有大量的「外籍新娘」和「外勞」不斷輸入，這些「新台北人」和我們的生活越來越密切，不知道將來對我們這些「老台北人」會產生什麼影響？

◎不同的年代有不同的歷史背景，左右的人都承接著不同的養分與包袱而變成現在的樣子。拋開有形的框架，大家都只是站在地球上的人而已。不管你是哪個圈圈的人，我們重疊的部分就是人性基本需求的共通性，說穿了就是生活中的吃喝拉撒睡罷了。是人，都要吃飯、要工作、要對未來懷有希望。不管是大陸人嫁來台灣或是台灣商人到大陸去發展，人性的本質總是會帶領他往「心中更美好的境地」走去。就像「娘要嫁人、天要下雨」一樣，是人為政治無法、也不需要控制的。

◎享受慣了台北一切的方便，若非親眼看見，其實很難體會大陸內地生活的貧瘠與不堪。在上海，很多外地人依恃著極有限的物質與行為條件在大都市奮力一搏只為了擺脫貧窮的生活。台北雖也面臨不景氣，不少人只是突然失業卻選擇以自殺來結束生命。同樣是一條命，承受的韌度卻不堪比擬。從過程中我照見自己，感受到人在面對生活時，被「追求一個更好的明天」所激發的生命力並接受了以不同方式存在的生命價值。

◎反省：我還不夠厚臉皮。我應該再厚臉皮一點。我下次到上海要學著厚臉皮一點。

◎發現：商人不一定貪、窮人不一定就很恬淡。台商有台商的立場、下崗工人有下崗工人的
　　處境、外地小姑娘有她向上攀升的需求。而領導者，你們的考量又是什麼？

[書的旅行]：從構思到付梓上市

◎一本書從創意發想到發行上架經過很多不同的人。創作的人自己、接受訪問的人、編輯的
　　人、包裝的人、做決策的人、發行的人和銷售的人等。這些人心中和作者一樣都會產生各
　　種不同程度的對面式的內在拉扯力。這本書能通過這種種拉扯而成為它自己，對我的意義
　　很大。

◎做一本書，是對過往與書的各種經歷做一個整理，也站在「作者」這個角色上，掂掂自己
　　的份量。過程中，常很想問問誰，又不知道該問誰；需要意見，又怕別人給太多意見。只
　　能硬著頭皮循著心中隱約的意念忐忑前進。於是了解到在想法和技術之間自己還有很多成
　　長的空間，而一個創作者所需要具備的除了想法之外，耐力更是一種必要的條件。不做，
　　就不會知道、無法跨越。這就像小平同志說的：「實踐是檢驗真理的唯一標準」和阿扁總
　　統說：「走自己的路」是一樣的心情吧。

◎我在人、城市、符號、休閒與文化等五個觀察面中，飲食和娛樂部分著墨較少，一方面因
　　為相關主題書已滿坑滿谷，而這次的時間和經費也只能讓我淺嚐即止。就廣闊無邊的城市
　　與人的議題，《對面》提供的是一種「探照燈式」的對比。——照射面廣而曝光時間短。希
　　望未來能朝「車頭燈式」與「手電筒式」的探查面逐漸縮小調查。

◎生命過程中一直在尋找的「答案」，是因時空的移轉而不停變換、需要自己不斷去探究的。
　　你得變更不同的姿勢才能與之並進。或許這就是我開始「書的旅行」的原因。匍伏經過這
　　一圈，我發現所有與書有關的工作都可以謀生，也都能看到書。但是若要透過書發揮生命
　　的力量自利利他，就只有自己做書了！

◎在交稿後的一段空檔我又回到書場上打工。台北的書店因正在調整經營的方向與合作夥伴
　　而風起雲湧。在豪華龐大的賣場上，我常會想起上海人周勇在鄉下開的麻雀小書店。這兩
　　者之間無從對比起，它只是會讓你觸動些什麼。

[必要感謝的人]：

以我個人有限的能力、技術和信心是很難完成這個計劃的。《對面》能夠從單純的意念出發，一以貫之做到最後。非常感謝以下所有人的支持。

謝謝大塊。

謝謝韓姐在我生澀且千頭萬緒又百般焦慮的創作過程中的耐心引導及鼓勵，讓我穿越沙漠的旅程不致那麼孤獨。謝謝富智的耐心與細心配合，為版面最終的呈現提供完美的演出。謝謝郝先生給予新人創作空間的大度與鼓勵，讓這個從外太空飛來的異形，能有著陸的機會。我也不禁奢望：如果我們的政府和民間多一些勇於創新和冒險的組織，那咱們文化創意產業的發展就可以讓人放心了。

謝謝我的家人。

謝謝哥哥的嚴厲、姊姊的慷慨以及雖然不是很理解但依然讓我走自己的路的爸媽。他們總是說這個女兒每天出出入入上上下下醒醒睡睡的不知在忙些什麼，這一切的一切實在很難用言語說明，最好的方法就是把它們變成「一本書」。謹慎保守的金牛爸爸和橫衝直撞的牡羊媽媽就像藏在我體內兩股不斷互相抗衡的力量，造就我不停來回反思再超脫前進的生命質素和臉上的滿頭包。如果說「沒有共產黨就沒有新中國」，那「沒有您二老就沒有黃百箸」了！感恩你們的愛與包容。

謝謝上海和台北所有的受訪者和曾經幫助過我的人。特別是在上海的永鈞表哥一家、勇逵姐夫、四哥、郁阿姨和誠倩等的熱心牽成與招待，讓我在上海的訪問與生活順利無憂。台北各方親朋好友的客串演出與信心喊話。你們是人間的天使！

從此岸到彼岸，穿越重重的困難險阻（飛機失事的威脅、上海交通的測試、資料遺失、電腦損壞、出版社對作品的理解與期待、創作的壓力、提款機的低泣、相親的躲避、等待的焦慮與SARS的侵襲之後），它終於活了下來。我終於可以很欣慰而大聲的和這些受訪者說：

「我總算讓你們對上了面！」

國家圖書館出版品預行編目資料

對面：台北‧上海‧面對面 黃百苓 著— 初版.—
臺北市：大塊文化，2003 [民 92]
面： 公分 . (catch；44)
ISBN 986-7975-20-0 (平裝)

1.上海市 – 描述與遊記 2.台北市 – 描述與遊記

484.6　　　　　　　92002417

LOCUS

LOCUS

LOCUS

LOCUS